Elemente der Mathematik

EdM

Arbeitsheft

8

Lösungen • Nordrhein-Westfalen

Elemente der Mathematik

Lösungen
Arbeitsheft 8 – Nordrhein-Westfalen

Herausgegeben von
Prof. Dr. Heinz Griesel
Prof. Helmut Postel
Friedrich Suhr
Werner Ladenthin
Matthias Lösche

Bearbeitet von
Julia Berlin-Bonn, Dr. Beate Goetz, Bodo Paul Hoffmann, Daniel Kiok, Jens Köcher, Werner Ladenthin,
Matthias Lösche, Ines Petzschler, Friedrich Suhr, Klaas Wiggers

Lösungen zu Arbeitsheft 8 Nordrhein-Westfalen, Bestellnummer 87456

westermann GRUPPE

© 2015 Bildungshaus Schulbuchverlage
Westermann Schroedel Diesterweg Schöningh Winklers GmbH, Braunschweig
www.schroedel.de

Druck A^3 / Jahr 2017
Alle Drucke der Serie A sind im Unterricht parallel verwendbar.

Redaktion: Lena Schenk, Claus Peter Witt
Umschlagsfoto: thinkstock, Sandyfort/Dublin (Purestock)
Umschlagentwurf: LIO Design GmbH, Braunschweig
Innenlayout: JANSSEN KAHLERT Design & Kommunikation GmbH, Hannover
Zeichnungen: Langner & Partner, Hemmingen; Schlierf, Type & Design, Lachendorf
Druck und Bindung: westermann druck GmbH, Braunschweig

ISBN 978-3-507-**87457**-2

1.1 Aufstellen eines Terms mit Variablen

3

1. **(1)** Die Hälfte einer Zahl: $\frac{1}{2} \cdot x$ oder $\frac{x}{2}$

(2) Verfünffache die Summe aus 8 und einer Zahl: $(x + 8) \cdot 5$

(3) Verdreifache die Summe aus –3 und einer Zahl: $3 \cdot (-3 + x)$

(4) Subtrahiere von der Zahl 10 das Produkt einer Zahl mit sich selbst: $10 - x^2$

(5) Subtrahiere von dem Vierfachen einer Zahl 1: $4x - 1$

(6) Vermindert man 18 um das Doppelte einer Zahl: $18 - 2x$

(7) Dividiere die Summe aus zwei Zahlen durch ihre Differenz: $(x + y) : (x - y)$

(8) Addiere 12 zu einer Zahl und multipliziere das Ergebnis mit der Differenz von 3 und der Zahl:
$(12 + x) \cdot (3 - x)$

2. **a)** $x - 2$:   In unserer Klasse sind zwei Jungen weniger als Mädchen.   x: Anzahl der Mädchen

$2 \cdot b$:   Emely wiegt doppelt so viel wie ihre kleine Schwester.   b: Gewicht von Emilys kleiner Schwester

$a + 2$:   Pauls Schultasche wiegt heute 2 kg mehr als gestern.   a: gestriges Gewicht von Pauls Schultasche

$2{,}5s + 3$:   Preis für eine Taxifahrt: 3 € Grundgebühr und 2,50 € pro Kilometer   s: gefahrene Strecke in km

$4 \cdot u$:   Samiras Vater ist viermal so alt wie sie.   u: Samiras Alter

b) $4 - m$:   Von den vier Reifen des Autos sind einige geplatzt.   m: Anzahl geplatzter Reifen

$c : 4$:   Pauls Schulweg ist viermal länger als der von Emely.   c: Pauls Schulweg

$3 \cdot t + 2$:   Der Lehrer kauft Bustickets zum Preis vom 3 € für die Schüler und einen Stadtplan für 2 €.   t: Anzahl der Schüler

4

3.

	Term	In Worten ausgedrückt
Beispiel	$a + b$	Summe zweier Zahlen
a)	$3 \cdot e$	Das Dreifache einer Zahl
b)	$a - b$	Differenz zweier Zahlen
c)	$a : 2$	Hälfte einer Zahl
d)	$3 \cdot e + 3 \cdot f$	Das Dreifache einer Zahl addiert mit dem Dreifachen einer anderen Zahl
e)	e^2	Produkt einer Zahl mit sich selbst
f)	$a - 0{,}1$	Zahl vermindert um 0,1
g)	$2x - x$	Das Doppelte einer Zahl vermindert um diese Zahl.
h)	$e - 4 \cdot f$	Eine Zahl vermindert um das Vierfache einer anderen Zahl
i)	$(a + b)^2$	Quadrat der Summe zweier Zahlen
j)	$a^2 + b^2$	Summe der Quadrate zweier Zahlen

4. Figur 1   Figur 2   Figur 3   Figur 4   Figur 5

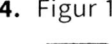  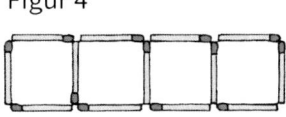 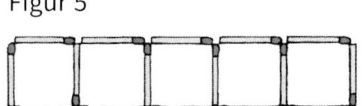

Nummer der Figur: n	1	2	3	4	5	Term
Anzahl der Quadrate q_n	1	2	3	4	5	$q_n = n$
Umfang der Figur u_n	4	6	8	10	12	$u_n = 2n + 2$
Anzahl der Streichhölzer s_n	4	7	10	13	16	$s_n = 3n + 1$

4   **5.** Terme mit weggelassenen Malpunkten:

  a) 3xa   **c)** 3(7c – 5a)   **e)** 3z – 2a + 3 · 2   **g)** 4y³c²c
  b) 4y – 3c   **d)** 3 · 7c – 5 · 5a   **f)** xxx   **h)** $3 \cdot \frac{1}{3} - \frac{4y}{7}$

  6. a) 3 (n – 5)   **b)** $\frac{2a}{5}$ und $\frac{2}{5}$ a   **c)** n = 5

5   **7.** 4 mehr als das Doppelte einer Zahl: 2n + 4

      Das Vielfache einer Zahl vermindert um 2:   4n – 2

      Eine gerade Zahl vermehrt um Eins: 2n + 1

      Das Quadrat aus dem Doppelten einer Zahl: $(2n)^2 = 4n^2$

      Das Doppelte des Kehrwerts einer Zahl: $2 \cdot \left(\frac{1}{n}\right) = \frac{2}{n}$

      Der Quotient aus einer Zahl und 2: $\frac{n}{2}$

      Eine Zahl vermindert um 2:   n – 2

      Die dritte Potenz einer Zahl: n^3

      Der dritte Teil einer Zahl: $\frac{n}{3}$

      4 geteilt durch das Quadrat einer Zahl: $\frac{4}{n^2} = 4 : n^2$

      Zweimal die Summe aus einer Zahl und 4:   2(n + 4)

      Die Summe aus einer Zahl und 2 dividiert durch 4: $\frac{n+2}{n}$

      Das Produkt aus einer Zahl und 4:   4n

      Die Hälfte der Summe einer Zahl und 4: $\frac{n+4}{2}$

      Die Differenz aus 2 und der Summe aus einer Zahl und 4:   2 – (n + 4)

      Es ergibt sich das folgenden Muster:

$4 : n^2$	2n + 1	2(n+4)	4n – 2	2n + 4	$4 : n^2$	2n + 1	2(n+4)	4n – 2	2n + 4
2–(n+4)	$4 : n^2$	$\frac{n+2}{4}$	2n + 4	$\frac{n}{3}$	2–(n+4)	$4 : n^2$	$\frac{n+2}{4}$	2n + 4	$\frac{n}{3}$
4n	$4n^2$	$\frac{2}{n}$	4n	$4n^2$	4n	$4n^2$	$\frac{2}{n}$	4n	$4n^2$
$\frac{n+4}{2}$	n^3	2(n+4)	n–2	$\frac{n}{2}$	$\frac{n+4}{2}$	n^3	2(n+4)	n – 2	$\frac{n}{2}$
n^3	2n + 1	$\frac{n+2}{4}$	4n – 2	n – 2	n^3	2n + 1	$\frac{n+2}{4}$	4n – 2	n – 2
$4 : n^2$	2n + 1	2(n+4)	4n – 2	2n + 4	$4 : n^2$	2n + 1	2(n+4)	4n – 2	2n + 4
2–(n+4)	$4 : n^2$	$\frac{n+2}{4}$	2n + 4	2–(n+4)	$\frac{n}{3}$	$4 : n^2$	$\frac{n+2}{4}$	2n + 4	2–(n+4)
4n	$4n^2$	$\frac{2}{n}$	4n	$4n^2$	4n	$4n^2$	$\frac{2}{n}$	4n	$4n^2$
$\frac{n}{2}$	n^3	2(n+4)	n – 2	$\frac{n+4}{2}$	$\frac{n}{2}$	n^3	2(n+4)	$\frac{n}{3}$	$\frac{n+4}{2}$
n^3	2n + 1	$\frac{n+2}{4}$	4n – 2	n – 2	n^3	2n + 1	$\frac{n+2}{4}$	4n – 2	n – 2

6   **8. a)** 18x   **b)** 18x   **c)** 26x

6

9.

	x	y	z	$x - 2y + z^2$	$x^2 - \frac{1}{2}y$	$(x-y)^2 \cdot z$	$\frac{z}{y} - 4x$
a)	2	–6	4	30	7	256	–8,67
b)	–3	–4	2	9	11	2	11,5
c)	–0,5	–2	–2	7,5	1,25	–4,5	3
d)	12	–7	–10	126	147,5	–3610	–46,57
e)	–2	–3	–4	20	5,5	–4	$9\frac{1}{3}$

10.

	Term	Wert der Variablen	Wert des Terms
a)	$6 \cdot x + x$	$x = 3,1$	21,7
b)	$7 \cdot a + 11 \cdot b$	$a = 3,2$ und $b = \frac{1}{2}$	27,9
c)	$(x + 5y) + x - y$	$x = 8$ und $y = 10$	56
d)	$2 \cdot x - 6$	$x = 4,5$	3
e)	$2 \cdot (5 - x)$	$x = 1$	8
f)	z. B. $6x - 1$	$x = 1$	5
g)	z. B. $3x + 9$	$x = -2$	3

11.

	Term	Einsetzung	Wert	Taschenrechner-Eingabe	korrigierte Taschenrechner-Eingabe
a)	$a : \frac{5}{2}$	10	4	10/2/5	10 / (2/5)
b)	$\frac{3-a}{4}$	–2	1,25	3- -2/4	(3 – –2) / 4
c)	$\frac{8}{2-a}$	4	–4	8/2-4	8 / (2 – 4)
d)	$\frac{5-a}{2a}$	2	0,75	5-2/2*2	(5 – 2) / (2 * 2)

1.2 Aufbau eines Terms

7

12.

	Term	Typ des Terms
a)	$2a + 3b$	Summe
b)	$2 \cdot (a + 3b)$	Produkt
c)	$\frac{2}{3} a^2 \cdot b$	Produkt
d)	$\frac{2a - 3}{b}$	Quotient
e)	$(2a + b) : 3$	Quotient
f)	$\left(\frac{2}{3}\right) ab^2$	Potenz
g)	$2a \cdot (b : 3)$	Produkt

	Term	Typ des Terms
h)	$(2a - 3b)^2$	Potenz
i)	$2 \cdot (a + b) : 3$	Quotient
j)	$\frac{1}{2} a - \frac{b}{3}$	Differenz
k)	$2a + \frac{b}{3}$	Summe
l)	$2 \cdot (a + 3b)$	Produkt
m)	$\frac{2^2}{3^2} \cdot a^2 \cdot b^2$	Produkt
n)	$2a - 3b$	Differenz

7 13. Zum Beispiel:

$(-5) + (6c \cdot 3)$	Summe	$6c - (2x + 8x)$	Differenz
$(3b + 12y) + 5b$	Summe	$15 : (4a - 8a)$	Quotient
$1 \cdot 5x \cdot (2 : 2a)$	Produkt	$(14 + 2x) \cdot (2 - x)$	Produkt
$15 - (23 - 8x)$	Differenz	$3y \cdot 4y^2 : 6y$	Quotient

1.3 Addieren und Subtrahieren von Termen

14. $8x + 8 = 9x$; $-x = 7x - 8x$; $9x - x = 5x + 3x$; $6x + 1 - 10x + 4 = -x + 5 - 3x$; $2x + 3 - 4x = 6 - 2x - 3$

15. Man kann in Termen nur Glieder addieren (subtrahieren), die sich nur in den Zahlfaktoren unterscheiden.
Man addiert (subtrahiert) dann nur die Zahlfaktoren und behält die gemeinsamen Variablen bei.
Oft hilft es auch, die einzelnen Glieder des Termes so umzustellen, dass Glieder mit den gleichen
Variablen hintereinander stehen: $2a + 3b + 4b - a = 2a - a + 3 + 3b + 4b = a + 7b$

8 16. a)

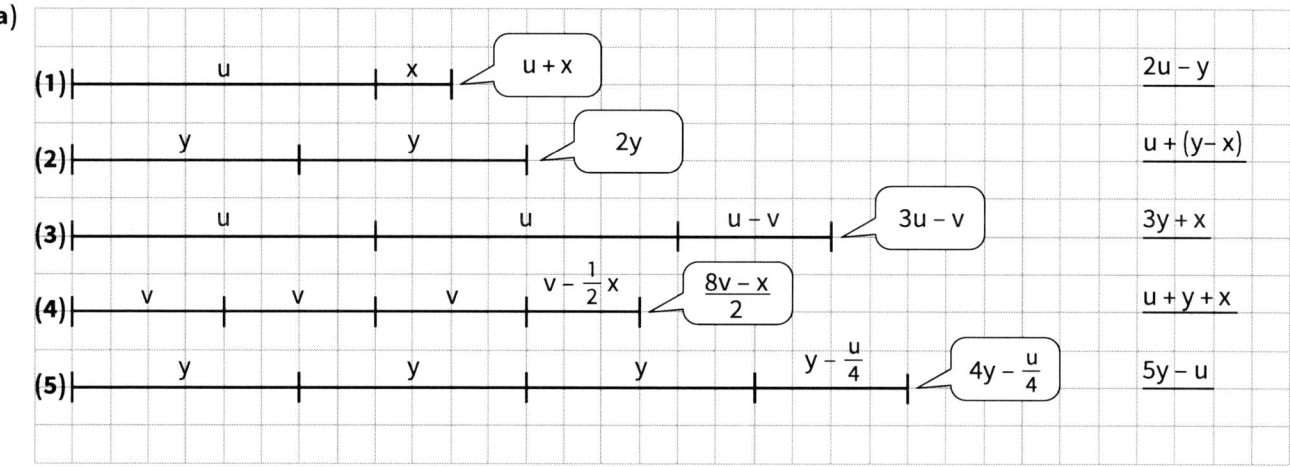

b) **(1)** $5u - 2v$ **(2)** $y + \dfrac{u}{8}$ **(3)** $\dfrac{y+u}{7}$ **(4)** $3v + \dfrac{y}{6}$ **(5)** $4v - u - y + \dfrac{15}{5}x$

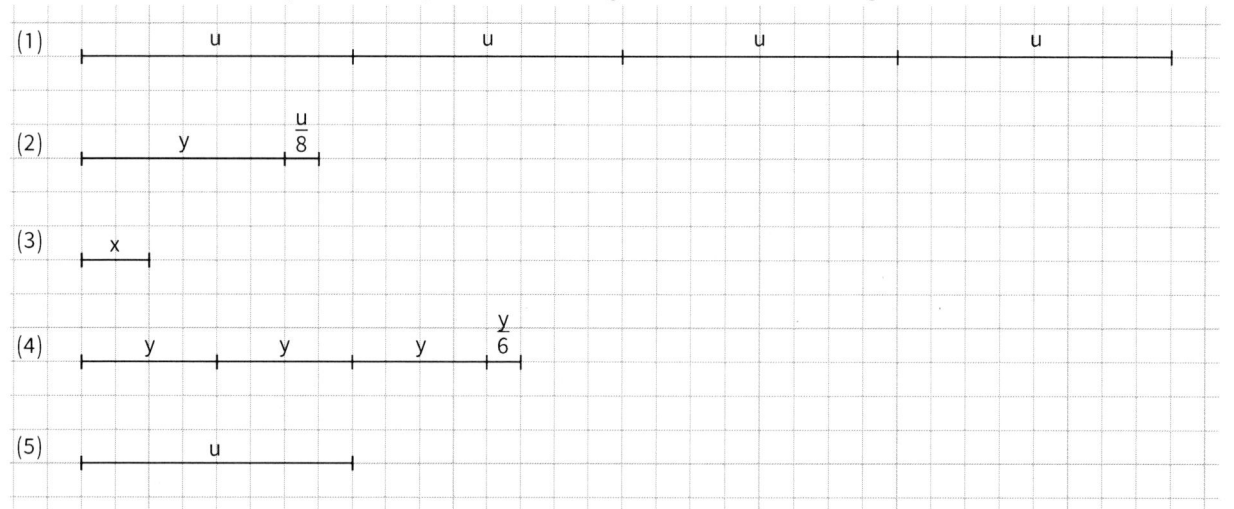

(Fehler in Auflage 1 des Arbeitsheftes: bei (3) muss es $\dfrac{y+u}{7}$ heißen, bei (5) $4v - u - y + \dfrac{17}{5}x$.)

17. a)

x	$x + 7$	$x - 4$
$x - 3$	$x + 1$	$x + 5$
$x + 6$	$x - 5$	$x + 2$

b)

$3y$	$3y + x - 1$	$-y + 4$
$-3y + x + 5$	$2y + 1$	$6y - 3$
$5y - 2$	3	$x + 2$

9

18.a) $\underline{a} + \underline{\underline{b}} - \underline{2a} + \underline{\underline{3b}} - \underline{\underline{\underline{4c}}} + 4 - \underline{\underline{\underline{c}}} = -a + 4b - 4c + 4ac$

b) $\underline{3ab} + \underline{\underline{2a}} - \underline{\underline{\underline{2b}}} + \underline{0,8ab} - \underline{\underline{\underline{2b}}} + \underline{\underline{2a}} - \underline{12ab} = -8,2ab + 4a - 4b$

c) $3r^2 + 3s + \underline{10st} + 4r - 3s^2 - \underline{13ts} = 3r^2 + 3s + 4r - 3s^2 - 3st$

d) $\underline{5u} - \underline{\underline{9v}} + \underline{\underline{9v}} - \underline{5u} + (\underline{5v} - \underline{\underline{9u}}) = -9u + 5v$

e) $\underline{\frac{1}{2}x} + \underline{\underline{\frac{3}{4}y}} - \underline{\underline{\underline{\frac{1}{3}z}}} + \underline{0,75x} + \underline{\underline{1,5y}} - \underline{\underline{\underline{\frac{3}{2}z}}} = 1\frac{1}{4}x + 2\frac{1}{4}y - 1\frac{5}{6}z$

1.4 Multiplizieren und Dividieren von Termen

19. $2 \cdot 5a = 10a;$ $\quad 24a : 2 = 4 \cdot 3a;$ $\quad 8a : (-2) = -4a;$ $\quad -3 \cdot 8a = 6a \cdot (-4);$ $\quad 18a : (-2) = 3 \cdot (-3a)$

20. $5 \cdot 7a = 35a$ $\qquad\qquad \frac{5}{8}x : \frac{1}{2} = \frac{5}{4}x$ $\qquad\qquad 2x^3 : 4x = \frac{1}{2}x^2$

$8x \cdot (-2y) = -16xy$ $\qquad -2 \cdot \frac{1}{3}a = -\frac{2}{3}a$ $\qquad \frac{5}{4}a \cdot \frac{1}{2}a = \frac{5}{8}a^2$

$(-4) \cdot (-3a) = 12a$ $\qquad \frac{5}{3}r^2 \cdot \left(-\frac{1}{2}s\right) = -\frac{5}{6}r^2s$ $\qquad 2a \cdot 2b \cdot (-8c) = -32abc$

$4a^3 \cdot 3a^2 = 12a^5$ $\qquad 12r^4 \cdot r = 12r^5$ $\qquad \left(\frac{4}{5}a\right)^2 = \frac{16}{25}a^2$

$2x : 2 = x$ $\qquad\qquad \frac{4}{3}a^2 : 3 = \frac{4}{9}a^2$ $\qquad z^3 : 4 = \frac{z^3}{4}$

21. $45a^2b = 45a \cdot ab = 9a \cdot 5ab = 5a^2 \cdot 9b = a^2 \cdot 45b$
$-6x^2y^3 = -6xy \cdot xy^2 = -6y^2 \cdot x^2y = -2x \cdot 3xy^3 = -3x^2 \cdot 2y^3$

22.a) $4xy \cdot 5x = 20x^2y$ $\qquad\qquad$ **c)** $-8r^2s^2 : (-2rs^2) = 4r$
b) $-3ab \cdot 5a = -15a^2b$ $\qquad\qquad$ **d)** $4xy \cdot (3c) \cdot 9 = 108xyc$

10

23.a) Zerlegen: $\qquad\qquad\qquad\qquad\qquad\qquad$ **b)** Ergänzen:

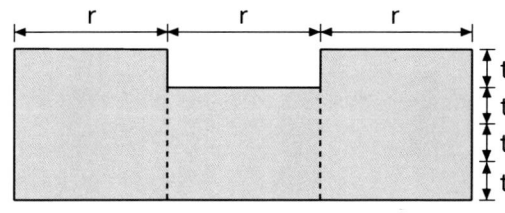

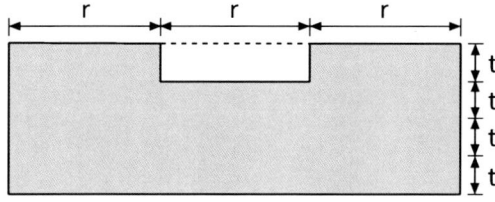

$r \cdot 4t + r \cdot 3t + r \cdot 4t = 11t \cdot r = 11rt$ $\qquad$ $3r \cdot 4t - r \cdot t = 12rt - rt = 11rt$

24. Berechnung durch Ergänzen:
$5a \cdot 5a - a \cdot a - a \cdot a - 2a \cdot a = 25a^2 - a^2 - 2a^2 = 21a^2$
Berechnung durch Zerlegen:
$2a \cdot 2a + 2a \cdot 2a + 3a \cdot a + 5a \cdot 2a = 4a^2 + 4a^2 + 3a^2 + 10a^2 = 21a^2$

1.5 Auflösen einer Klammer

10   **25.a)** $3(x + 2y) = 3 \cdot x + 3 \cdot 2y = 3x + 6y$ **c)** $4(3z - 1) = 4 \cdot 3z - 4 \cdot 1 = 12z - 4$

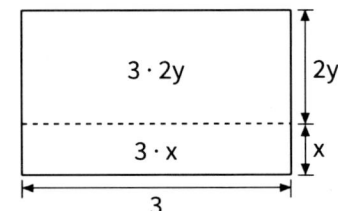

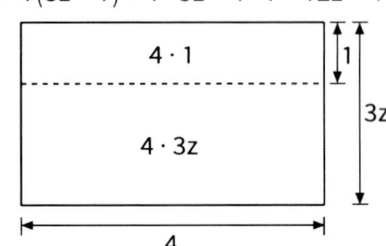

b) $2x(4y + 1) = 2x \cdot 4y + 2x \cdot 1 = 8xy + 2x$ **d)** $2a(5y - x) = 2a \cdot 5y - 2a \cdot x = 10ay - 2ax$

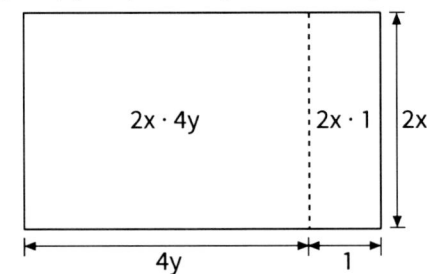

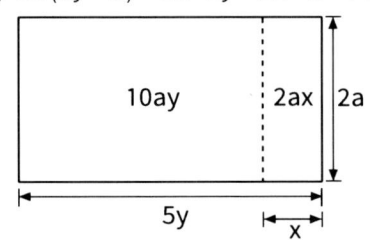

26. $2a(3b - 4) = 6ab - 8a$ $(15a + 12b) \cdot 3 = (72b + 90a) : 2$
$(12b - 16a) : 2 = 6b - 8a$ $10a \cdot (2b + 8) = 4(5ab + 20a)$
$(12a + 18) \cdot 3b = 6b(6a + 9)$

27.a) $b \cdot (-4 + 4y) = -4b + 4by$ **e)** $\frac{a}{2} \cdot \left(\frac{a}{3} + \frac{2b}{3} \right) = \frac{a^2}{6} + \frac{ab}{3}$

b) $-8 \cdot (x + 7) = -8x - 56$ **f)** $-1,5 \cdot (r + 0,2t - 1,5) = -1,5r - 0,3t + 2,25$

c) $-1 \cdot (x - 2) = -x + 2$ **g)** $(4x + 8y) : \frac{1}{2} = 8x + 16y$

d) $4a \cdot (a + 12b - 5a) = -16a^2 + 48ab$ **h)** $3 \cdot (a - b) + 7 \cdot (-a + 2b + 5) = -4a + 11b + 35$

11   **28.** Tim hat sich in der dritten Zeile verrechnet. Beim Zusammenfassen von $-14x - x$ hat er sich mit dem Vorzeichen vertan.
Hier die richtige Rechnung:

$(-2) \cdot (7x - 4) - x = 6 \cdot (-3x - 1) + x$	Klammern auflösen
$-14x + 8 - x = -18x - 6 + x$	Zusammenfassen
$-15x + 8 = -17x - 6$	Addiere 17x
$2x + 8 = -6$	Subtrahiere 8
$2x = -14$	Teile durch 2
$x = -7$	

1.6 Minuszeichen vor einer Klammer – Subtrahieren einer Klammer

11 **29.a)** $3a - (2a + 8)$ $= 3a - 2a - 8$ $= a - 8$

    b) $2b + (4x - 0{,}8b)$ $= 2b + 4x - 0{,}8b$ $= 1{,}2b + 4x$

    c) $27ca - (42bc - 5ac)$ $= 27ca - 42bc + 5ac$ $= 32ac - 42bc$

    d) $38 + (-3x + 22)$ $= 38 - 3x + 22$ $= 60 - 3x$

    e) $-4 \cdot (3y - 2)$ $= -12y + 8$

    f) $-(-2x + 3a)$ $= 2x - 3a$

    g) $4f + (2x - 3y) - 4f - (3x + 5y)$ $= 4f + 2x - 3y - 4f - 3x - 5y$ $= -x - 8y$

    h) $(3g + 3z) - (6g - 4z - 15)$ $= 3g + 3z - 6g + 4z + 15$ $= -3g + 7z + 15$

    i) $(3c + 2b - 5h) + 9h + (3c - 2b)$ $= 3c + 2b - 5h + 9h + 3c - 2b$ $= 6c + 4h$

    j) $(3{,}2 - 0{,}8i + 1{,}5y) - (-1{,}8y + 1{,}5i) = 3{,}2 - 0{,}8i + 1{,}5y + 1{,}8y - 1{,}5i = -2{,}3i + 3{,}3y + 3{,}2$

30.a) $x - (a + 2x) = -x - a$ **d)** $-(a + 7) - (4 - a) = -11$

    b) $5m - (m + s) = 4m - s$ **e)** $-(4z - 6p) - 2 \cdot (8p + 3z) = -10 \cdot (p + z)$

    c) $(x^2 - y) - (x^2 - y) = 0$ **f)** $-2 \cdot (-1{,}5a + b) - 1{,}5 \cdot (b + a) = 1{,}5a - 3{,}5b$

31.a) $4a - (5b - 6a) - 7b = 10a - 12b$ **c)** $4a - 5b - 6a - 7b = -2a - 12b$

    b) $4a - (5b - 6a - 7b) = 10a + 2b$ **d)** $4a - 5b - (6a - 7b) = -2a + 2b$

32.

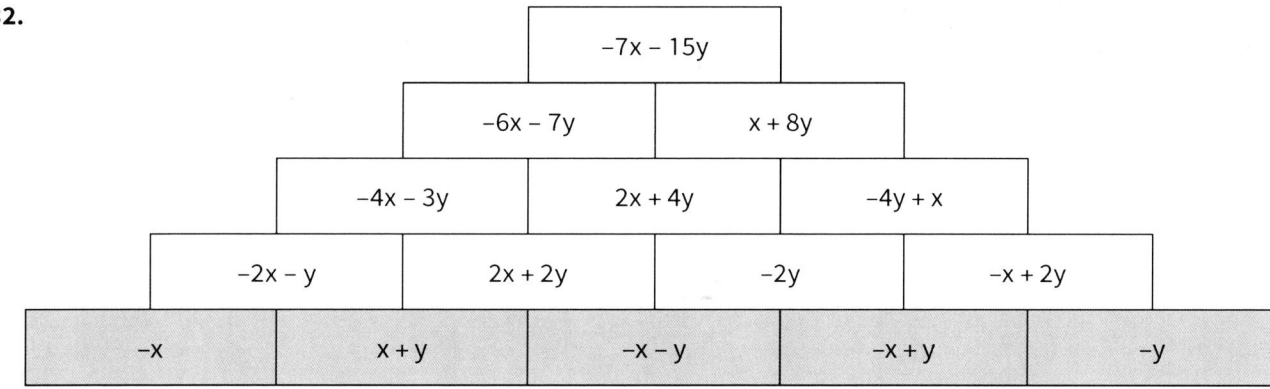

12 **33.a)** $5x - 6y - (6x - 7y) = -x + y$ **c)** $3 \cdot (a - 4) + 2 \cdot (a + 3) = 4 \cdot (1{,}25a + 6) - 30$

    b) $7a + 6b - 3 = -6a - (-13a + 3 - 6b)$ **d)** $(3a - 16) + 3a + 11 - a = 5a - 5$

1.7 Ausklammern

34.a) $14\underline{b} + a\underline{b} = b \cdot (14 + a)$ **e)** $\underline{x}^3 - \underline{x}y^2 = x \cdot (x^2 - y^2)$

    b) $-\underline{r}s - \underline{r}t = r \cdot (-s - t) = -r \cdot (s + t)$ **f)** $a^2\underline{b} - z\underline{b}^2 = b \cdot (a^2 - zb)$

    c) $\underline{s}^2 - \underline{s} = s \cdot (s - 1)$ **g)** $\underline{a}^2b - v\underline{a}^2 = a^2 \cdot (b - v)$

    d) $17\underline{r}s - \underline{r} = r \cdot (17s - 1)$ **h)** $u^3\underline{p}^2 + u\underline{p}^3 - 12u^2\underline{p}^4 = p^2 \cdot (u^3 + up - 12u^2p^2)$

12

35.a)   July: $6a - 2ab$ Anthony: $6a - 2ab$

$= 2 \cdot (3a - ab)$ $= a \cdot (6 - 2b)$

$= 2 \cdot a \cdot (3 - b)$ $= a \cdot 2 \cdot (3 - b)$

$= 2a \cdot (3 - b)$ $= 2a \cdot (3 - b)$

b) $6a - 2ab = 2a\,(3 - b)$

36.a) $8a^2b - 4ab = 4a \cdot (2ab - b) = 4ab \cdot (2a - 1)$

b) $-5x^2t - 5xy = -5x \cdot (xt + y)$

c) $15uv - 5ut + 20t - 45v = 15v\,(u - 3) - 5t\,(u - 4)$

37.a) $4abc + 2a = 2a\,(2bc + 1)$ **d)** $68a^2b - 17b^2 = 17b\,(4a^2 - b)$

b) $9pq + 27pq^2 + 3p^2 = 3p\,(3q + 9q^2 + p)$ **e)** $0{,}5s - 1{,}5s^2 + s = s\,(0{,}5 - 1{,}5s + 1) = s\,(1{,}5 - 1{,}5s)$

c) $0{,}4x^2 + xy = x \cdot (0{,}4x + y)$ **f)** $-60xy - 48x^2z = 12x\,(-5y - 4xz)$

13

38. $9m^2 - 18mn + 36m = 3m \cdot (3m - 6n + 12)$

$9m \cdot (m - 2n + 4) = 9 \cdot (m^2 - 2mn + 4m)$

$12n^2m \cdot \left(1 + 2m - \dfrac{1}{4}\right) = n^2 \cdot (12m + 24m^2 - 3m)$

$12n^2m + 24n^2m^2 - 3mn^2 = -3 \cdot (-4n^2m - 8n^2m^2 + mn^2)$

$16 \cdot (2nm - n^2m^2 - 4n^2m) = 16nm \cdot (2 - nm - 4n)$

$32nm \cdot \left(1 - \dfrac{1}{2}nm - 2n\right) = 32nm - 16n^2m^2 - 64n^2m$

1.8   Auflösen von zwei Klammern in einem Produkt

39.a)

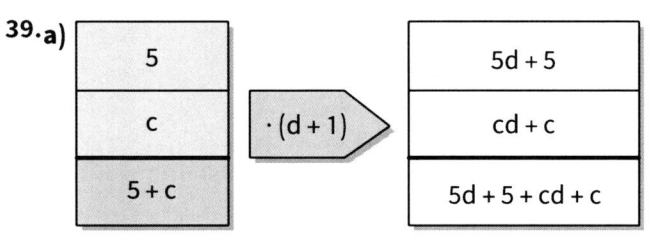

b)

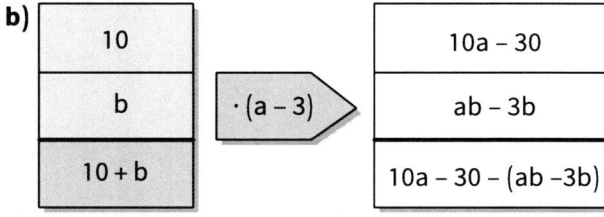

c)   **d)**

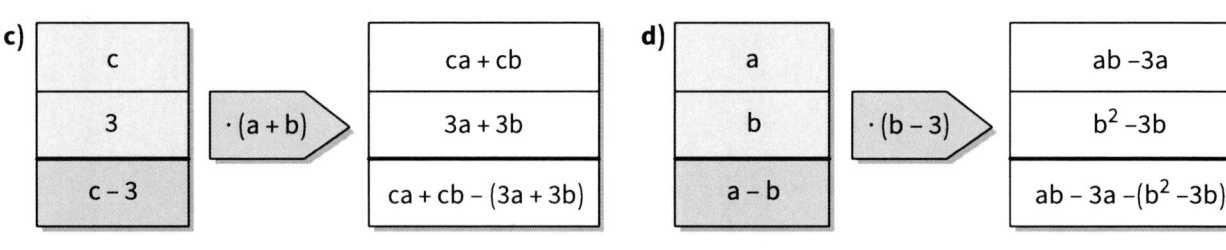

40.a) $(p + q)\,(r + s)$

$= pr + ps + qr + qs$

b) $(a + 2)\,(b + 1)$

$= ab + 1 \cdot a + 2b + 2 \cdot 1$

c) $(a + b)\,(a + c)$

$= a^2 + ac + ab + bc$

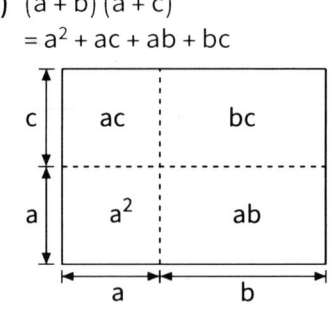

14 **41.**

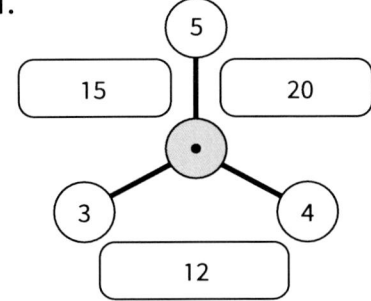

a)

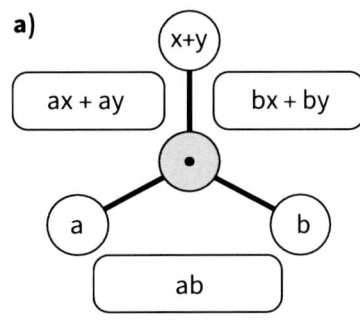

b)

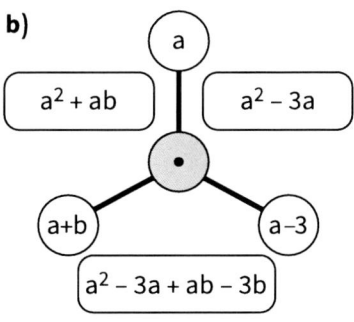

c)

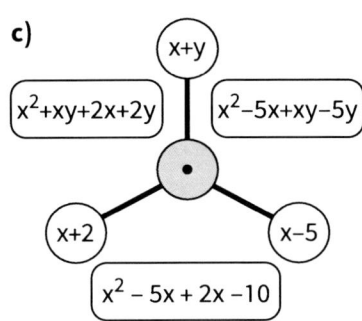

d)

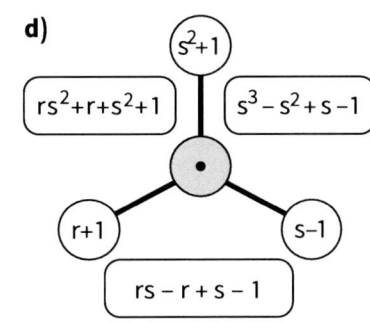

e)

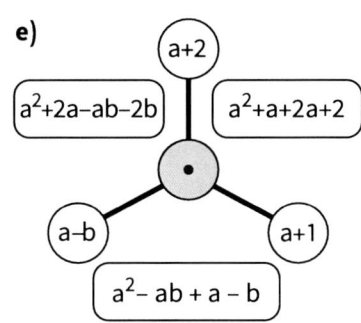

1.9 Binomische Formeln

42.a) $(2a + b)^2$
$= (2a + b)(2a + b)$
$= 4a^2 + 2ab + 2ab + b^2$
$= 4a^2 + 4ab + b^2$

b) $(2a + 3b)^2$
$= (2a + 3b)(2a + 3b)$
$= 4a^2 + 6ab + 6ab + 9b^2$
$= 4a^2 + 12ab + 9b^2$

c) $(2a - 1)^2$
$= (2a - 1)(2a - 1)$
$= 4a^2 - 2a - 2a + 1$
$= 4a^2 + 1$

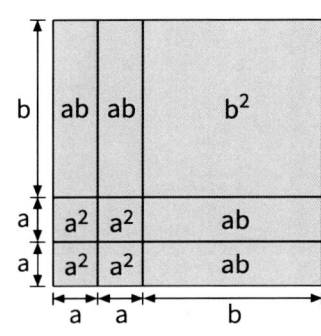

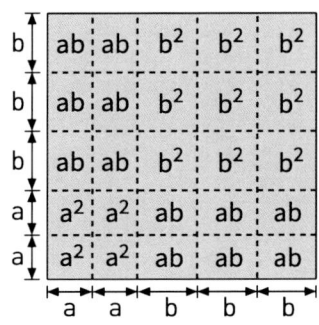

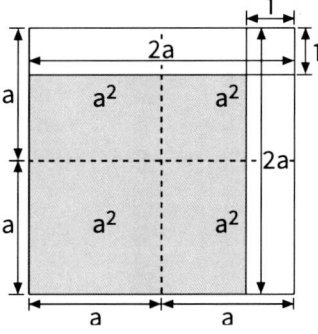

43.a) Bilde zunächst das Quadrat des ersten Summanden der Klammer (x^2). Bilde dann noch das Quadrat des zweiten Summanden der Klammer $(9y^2)$. Multipliziere die beiden Summanden und verdopple das Ergebnis $(2 \cdot x \cdot 3y)$. Addiere nun diese drei Terme: $x^2 + 2 \cdot x \cdot 3y + 9y^2$

b) Quadriere den ersten Summanden (c^2) und den zweiten Summanden $(16d^2)$. Die Differenz dieser beiden Quadrate $c^2 - 16d^2$ ist das Ergebnis des Terms.

15   **44.a)** **(1)** $a = 3t$ $b = 2s$ **(2)** $a = 4x$ $b = 5y$ **(3)** $a = s^2$ $b = 9t$

	$(a+b)^2$	a^2	$2 \cdot a \cdot b$	b^2	$a^2 + 2ab + b^2$
(1)	$(3t + 2s)^2$ =	$(3t)^2$	$+ \; 2 \cdot 3t \cdot 2s$	$+ \; (2s)^2$ =	$9t^2 + 12st + 4s^2$
(2)	$(4x + 5y)^2$ =	$(4x)^2$	$+ \; 2 \cdot 4x \cdot 5y$	$+ \; (5y)^2$ =	$16x^2 + 40xy + 25y^2$
(3)	$(s^2 + 9t)^2$ =	$(s^2)^2$	$+ \; 2 \cdot s^2 \cdot 9t$	$+ \; (9t)^2$ =	$s^4 + 18s^2 t + 81t^2$

b) **(1)** $a = 2s$ $b = 3t$ **(2)** $a = 9r$ $b = 4s$ **(3)** $a = 11x^2$ $b = 12y$

	$(a-b)^2$	a^2	$2 \cdot a \cdot b$	b^2	$a^2 - 2ab + b^2$
(1)	$(2s - 3t)^2$ =	$(2s)^2$	$- \; 2 \cdot 2s \cdot 3t$	$+ (3t)^2$ =	$4s^2 - 12st + 9t^2$
(2)	$(9r - 4s)^2$ =	$(9r)^2$	$- \; 2 \cdot 9r \cdot 4s$	$+ (4s)^2$ =	$81r^2 - 72rs + 16s^2$
(3)	$(11x^2 - 12y)^2$ =	$(11x^2)^2$	$- \; 2 \cdot 11x^2 \cdot 12y$	$+ (12y)^2$ =	$121x^4 - 264x^2 y + 144y^2$

c) **(1)** $a = 3x$ $b = 2y$ **(2)** $a = 4x$ $b = 7y$ **(3)** $a = x^2$ $b = 7y$

	$(a+b)$	$(a-b)$	a^2	b^2	$a^2 - b^2$
(1)	$(3x + 2y)$ $\cdot$	$(3x - 2y)$ =	$(3x)^2$	$- \; (2y)^2$ =	$9x^2 - 4y^2$
(2)	$(4x + 7y)$ $\cdot$	$(4x - 7y)$ =	$(4x)^2$	$- \; (7y)^2$ =	$16x^2 - 49y^2$
(3)	$(x^2 + 7y)$ $\cdot$	$(x^2 - 7y)$ =	$(x^2)^2$	$- \; (7y)^2$ =	$x^4 - 49y^2$

45.

	Umformung		Berichtigung
a)	$(a + b)^2 = a^2 + b^2$	✗	$a^2 + 2ab + b^2$
b)	$(a \cdot b)^2 = a^2 \cdot b^2$	✓	–
c)	$(x - y)^2 = x^2 - y^2$	✗	$x^2 - 2xy + y^2$
d)	$(x - y)^2 = (x - y) \cdot (x - y)$	✓	–
e)	$(x + y) \cdot (x - y) = x^2 - y^2$	✓	–
f)	$(x - y)^2 = x^2 - 2xy - y^2$	✗	$x^2 - 2xy + y^2$

16

46. $225a^2 - 60ab + 4b^2 = (15a - 2b)^2$

$25x^2 - 121y^2 = (5x - 11y)(5x + 11y)$

$9b^2 + 2b + \frac{1}{9} = \left(3b + \frac{1}{3}\right)^2$

$u^2 - v^2 = (u - v)(u + v)$

$(m^2n - n)^2 = m^4n^2 - 2m^2n^2 + n^2$

$(30s - 1{,}5t)^2 = 900s^2 - 90st + 2{,}25t^2$

$(1{,}5a - 1{,}2b)(1{,}5a + 1{,}2b) = 2{,}25a^2 - 1{,}44b^2$

$(4r - 8)(4r + 8) = 16r^2 - 64$

$\left(3a + \frac{1}{3}b\right)^2 = 9a^2 + 2ab + \frac{1}{9}b^2$

$(20x - y)^2 = 400x^2 - 40xy + y^2$

1.10 Faktorisieren einer Summe

47.

	Umformung	w	f	Korrektur
a)	$a^2 + 4as + s^2 = (a + s)^2$		✗	$a^2 + 2as + s^2$
b)	$9y^2 + 25x^2 - 30yx = (3y - 5x)^2$	✗		
c)	$x \cdot (x + y) - y \cdot (x + y) = (x - y)(x + y)$	✗		
d)	$w^2 - 18wt + 9t^2 = (w - 3t)^2$		✗	$w^2 - 6wt + 9t^2$
e)	$(4u - 5v)^2 = 16u^2 - 25v^2$		✗	$16u^2 - 40uv + 25v^2$
f)	$3k^2 + 3 - 3l^2 = 3 \cdot (k + l)(k - l)$		✗	$3 \cdot (k^2 - l^2) = 3k^2 - 3l^2$

48. $4x^2 + 8xy + 4y^2 = (2x + 2y)^2$

$x^2 - 4xy + 4y^2 = (x - 2y)^2$

$4x^2 + 4xy + y^2 = (2x + y)^2$

$4x^2 - 8xy + 4y^2 = (2x - 2y)^2$

$4x^2 - 4y^2 = (2x + 2y) \cdot (2x - 2y)$

49. a) $16r^2 - 64rs + 64s^2 = (4r - 8s)^2$

b) $\frac{49}{100}x^2 - \frac{64}{81}y^2 = \left(\frac{7}{10}x - \frac{8}{9}y\right)\left(\frac{7}{10}x + \frac{8}{9}y\right)$

c) $8r^2 - 16rs + 8s^2 = 8(r - s)^2$

d) $27a^2 - 48b^2 = 3 \cdot (3a - 4b)(3a + 4b)$

e) $a^2 + 10ab + 25b^2 = (a + 5b)^2$

f) $y^2 - 26yz + 169z^2 = (y - 13z)^2$

50. a) $a^2 - 4ab + 4b^2 = (a - 2b)^2$

b) $36x^2 + 6xy + 0{,}25y^2 = (6x + 0{,}5y)^2$

c) $16x^2 - 24xy + 9y^2 = (4x - 3y)^2$

d) $\frac{16}{25}a^2 + 8a + 25 = \left(\frac{4}{5}a + 5\right)^2$

e) $1{,}44n^2 - 3{,}6n + 2{,}25 = (1{,}2n - 1{,}5)^2$

f) $0{,}01v^2 + 5v + 625 = (0{,}1v + 25)^2$

17

51. a) $4a^2 + 12ab + 9b^2 = (2a + 3b) \cdot (2a + 3b) = (2a + 3b)^2 =$

b) $25x^2 + 60xy + 36y^2 = (5x + 6y) \cdot (5x + 6y) = (5x + 6y)^2$

c) $a^2 - 38ab + 361b^2 = (a - 19b) \cdot (a - 19b) = (a - 19b)^2$

d) $2{,}25a^2 - 2ab + \frac{4}{9}b^2 = \left(1{,}5a - \frac{2}{3}b\right) \cdot \left(1{,}5a - \frac{2}{3}b\right) = \left(1{,}5a - \frac{2}{3}b\right)^2$

e) $121a^2 + 11ab + \frac{1}{4}b^2 = \left(11a + \frac{1}{2}b\right) \cdot \left(11a + \frac{1}{2}b\right) = \left(11a + \frac{1}{2}b\right)^2$

f) $144 + 12c + 0{,}25c^2 = (12 + 0{,}5c) \cdot (12 + 0{,}5c) = (12 + 0{,}5c)^2$

g) $36x^2 - 49y^2 = (6x - 7y) \cdot (6x + 7y)$

h) $0{,}09x^4 - \frac{25}{16}y^4 = \left(0{,}3x^2 - \frac{5}{4}y^2\right) \cdot \left(0{,}3x^2 + \frac{5}{4}y^2\right)$

1.11 Mischungsaufgaben

17 **52.**

	Menge (in ℓ)	Fruchtsaftgehalt (in %)	Enthaltener Fruchtsaft (in l)
Vorhandener Traubennektar	2000	80	80 % · 2000 = 1600
Traubenfruchtsaftgetränk	x = 3000	30	30 % · 3000 = 900
Gemischter Traubennektar	2000 + x = 5000	50	50 % · 5000 = 2500

Gleichung:

$2000\,l \cdot 80\,\% + x \cdot 30\,\% = (2000\,l + x) \cdot 50\,\%$

$1600\,l + 0{,}3x = 1000\,l + 0{,}5x$

$600\,l = 0{,}2x$

$3000\,l = x$

1.12 Formeln – Gleichungen mit Parametern

1.12.1 Umformen von Formeln

18 **53.**

a) Umstellen nach b	b) Umstellen nach d	c) Umstellen nach c
$a = \frac{b-c}{d}$ $\mid \cdot d$	$a = \frac{b-c}{d}$ $\mid \cdot d$	$a = \frac{b-c}{d}$ $\mid \cdot d$
$a \cdot d = b - c$ $\mid + c$	$a \cdot d = b - c$ $\mid : a$	$a \cdot d = b - c$ $\mid + c$
$a \cdot d + c = b$	$d = \frac{b-c}{a}$	$a \cdot d + c = b$ $\mid -(a \cdot d)$ $c = b - a \cdot d$

54.

	Formel	physikalischer Sachverhalt	Isoliere nach Variable...
a)	$v = \frac{s}{t}$	Geschwindigkeit	$t = \frac{s}{v}$ $s = v \cdot t$
b)	$F_1 \cdot l_1 = F_2 \cdot l_2$	Drehmoment	$F_1 = (F_2 \cdot l_2) : l_1$ $l_1 = (F_2 \cdot l_2) : F_1$ $F_2 = (F_1 \cdot l_1) : l_2$ $l_2 = (F_1 \cdot l_1) : F_2$

1.12.2 Lösen von Gleichungen mit Parametern

18

55.a) **(1)** $x(x+1) = (x+1)^2$

$x^2 + x = x^2 + 2x + 1$ $\quad | - x^2 - 2x$

$-x = 1$ $\quad | : (-1)$

$x = -1$

$L = \{-1\}$

(3) $x(x+3) = (x+3)^2$

$x^2 + 3x = x^2 + 6x + 9$ $\quad | - x^2 - 6x$

$-3x = 9$ $\quad | : (-3)$

$x = -3$

$L = \{-3\}$

(2) $x(x+2) = (x+2)^2$

$x^2 + 2x = x^2 + 4x + 4$ $\quad | - x^2 - 4x$

$-2x = 4$ $\quad | : (-2)$

$x = -2$

$L = \{-2\}$

b) Gleichung mit Parametern:

$x(x+n) = (x+n)^2; \ n \in \mathbb{R}$

Vermutung für die Lösungsmenge: $L = \{-n\}$

Überprüfen: $x(x+n) = (x+n)^2$

$x^2 + nx = x^2 + 2nx + n^2$ $\quad | - x^2 - 2nx$

$-nx = n^2$ $\quad | : (-n)$

$x = -n$

$L = \{-n\}$

Alle Gleichungen der Form $x(x+n) - (x+n)^2$ mit $n \in \mathbb{R}$ haben $-n$ als Lösung.

1.13 Gleichungen vom Typ $T_1 \cdot T_2 = 0$

19 **56.**

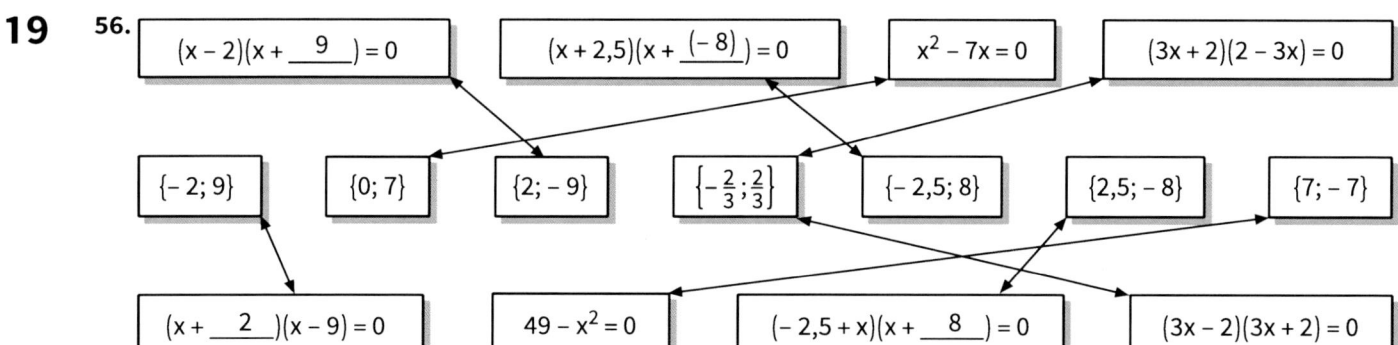

57.1. Gleichung: $(x+2)(x-1)$ Kontrolle: $(-2+2)(-2-1) = 0$ und $(1+2)(1-1) = 0$

2. Gleichung: $(x+2)(-x+1)$ Kontrolle: $(-2+2)(-(-2)+1) = 0$ und $(1+2)(-1+1) = 0$

3. Gleichung: $(-x-2)(-x+1)$ Kontrolle: $(-(-2)-2)(-(-2)+1) = 0$ und $(-1-2)(-1+1) = 0$

1.14 Lösen von Ungleichungen

58.a) $L = \{x \in \mathbb{Q} \mid x < 2\}$

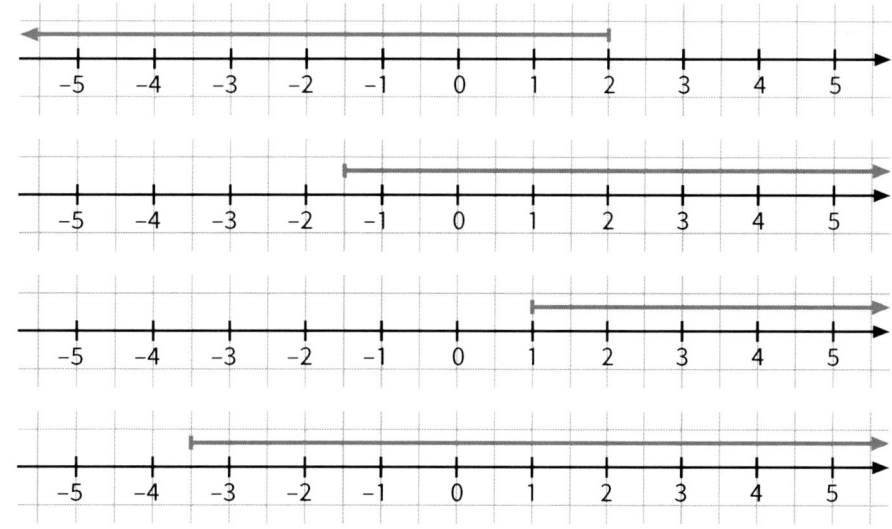

b) $L = \{x \in \mathbb{Q} \mid x > -1,5\}$

c) $L = \{x \in \mathbb{Q} \mid x \geq 1\}$

d) $L = \{x \in \mathbb{Q} \mid x \leq -3,5\}$

19   **59.** $3x + 2 > -4$
$3x > -6$
$x > -2$

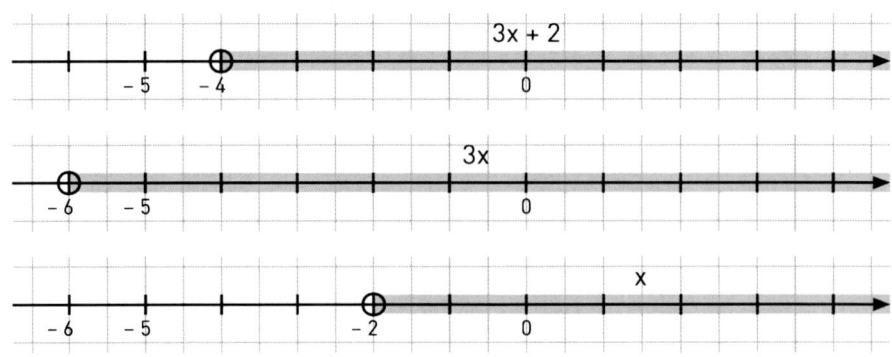

Bist du kompetent im Umgang mit Termen Aufstellen und Umformen ?

20   **60. a)** $\{3; 5; 7; 9; 11; 13; 15; 17\}$ Term: $2n + 1$
   b) $\{1; 4; 9; 16; 25; 36; 49; 64\}$ Term: n^2
   c) $\{2; 8; 18; 32; 50; 72; 98; 128\}$ Term: $2n^2$
   d) $\{3; 12; 27; 48; 75; 108; 147; 192\}$ Term: $3n^2$
   e) $\{4; 8; 12; 16; 20; 24; 28; 32\}$ Term: $4n$
   f) $\{6; 10; 14; 18; 22; 26; 30; 34\}$ Term: $4n + 2$

61. –

2.1 Funktionen als eindeutige Zuordnungen

21 **1. a)** Diagramm (2)

2. Graph A

3. Graph (3), denn der Wasserspiegel steigt wegen des spitz nach unten zulaufenden Glases zunächst sehr schnell und steigt dann gleichmäßig an.

22 **4. a)** Zu Beginn sitzt Marie unten, d. h. die Füße befinden sich auf dem Boden. Dann wippen beide so, dass sich die Füße abwechselnd hoch und wieder hinunter bewegen.

b)

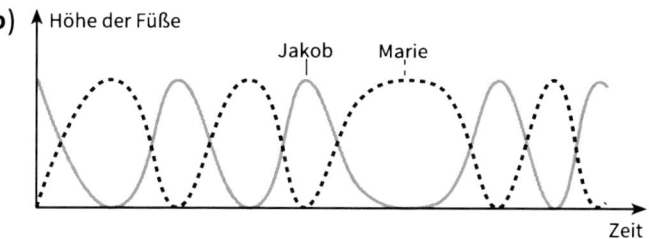

5. 20 000 Besucher, wenn 4 Besucher auf einem Quadratmeter stehen.

6. a) 21:00 Uhr **b)** 15 min **c)** 22:00 Uhr

7.

23 **8. (1)** Funktion, Definitionsmenge $\mathbb{Q}$ **(4)** Funktion, Definitionsmenge $\mathbb{Q}$

(2) Funktion, Definitionsmenge $\mathbb{Q}$ **(5)** Funktion, Definitionsmenge $\mathbb{Q}$

(3) Keine Funktion **(6)** Keine Funktion

24   **9.** **a)** $f(x) = 0,5x + 3$ **b)** $g(x) = -x^2 + 5$ **c)** $h(x) = |x - 2|$

x	−5	−4	−3	−2	−1	0	1	2	3	4	5	6
f(x)	0,5	1	1,5	2	2,5	3	3,5	4	4,5	5	5,5	6
g(x)	−20	−11	−4	1	4	5	4	1	−4	−11	−20	−31
h(x)	7	6	5	4	3	2	1	0	1	2	3	4

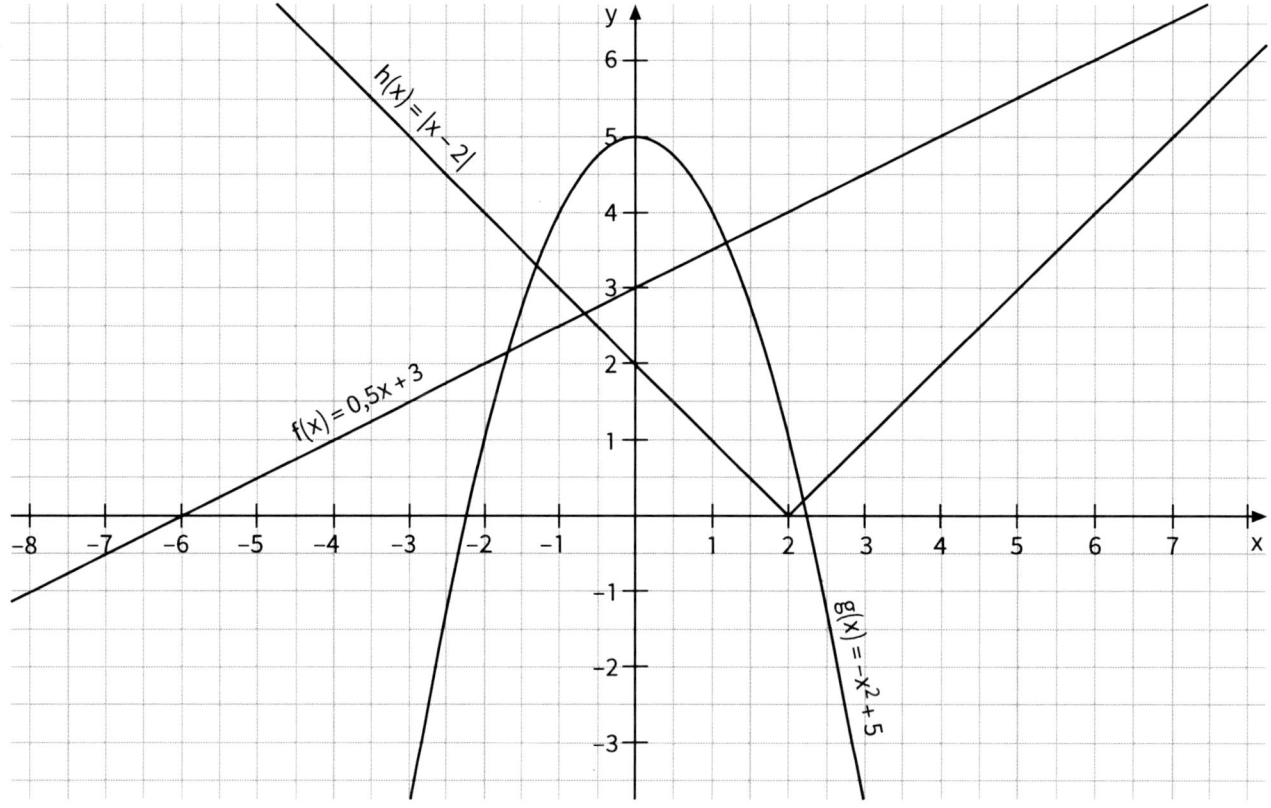

10. Funktionsvorschrift:

(3) $f(x) = \left|1 - \frac{1}{2}x\right|$

$P\left(\begin{array}{c|c} 0 & 1 \end{array}\right)$

$Q\left(\begin{array}{c|c} 2 & 0 \end{array}\right)$

Funktionsvorschrift:

(2) $f(x) = \frac{1}{2}x\,(x + 2)$

$P\left(\begin{array}{c|c} -2 & 0 \end{array}\right)$

$Q\left(\begin{array}{c|c} 0 & 0 \end{array}\right)$

Funktionsvorschrift:

(1) $f(x) = \frac{1}{2x} + 1$

$P\left(\begin{array}{c|c} -0,5 & 0 \end{array}\right)$

$Q\left(\begin{array}{c|c} 1 & 1,5 \end{array}\right)$

2.2 Proportionale Funktionen

2.2.1 Graph proportionaler Funktionen

25 **11. (1)** y = x   **(2)** y = 2,5x   **(3)** y = – x   **(4)** $y = \frac{1}{2}x$ **(5)** $y = -\frac{2}{5}x$ **(6)** y = – 2x

(1)

x	– 2	0	1	2
y	– 2	0	1	2

(2)

x	– 2	0	1	2
y	– 5	0	2,5	5

(3)

x	– 2	0	1	2
y	2	0	– 1	– 2

(4)

x	– 2	0	1	2
y	– 1	0	0,5	1

(5)

x	– 2	0	1	2
y	$\frac{4}{5}$	0	$-\frac{2}{5}$	$-\frac{4}{5}$

(6)

x	– 2	0	1	2
y	4	0	– 2	– 4

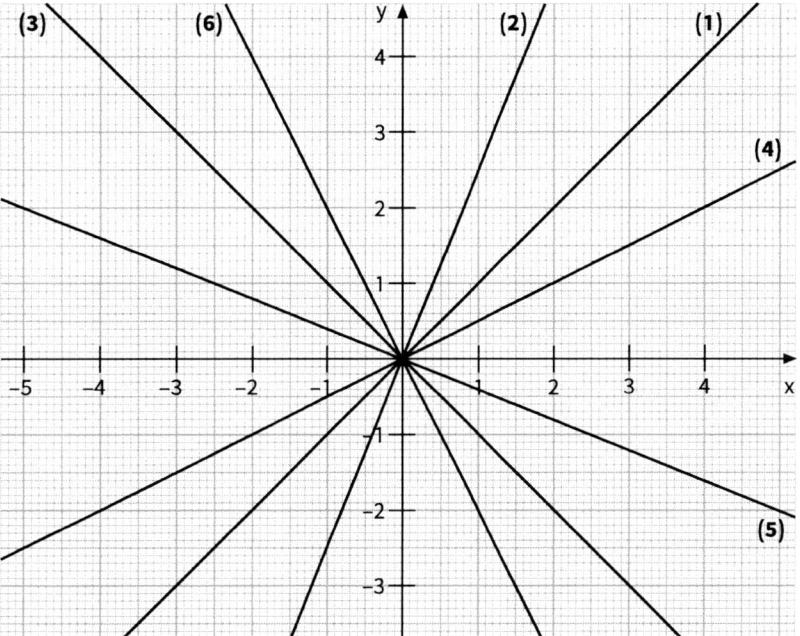

12. (1) Anna zeichnet die Punkte in ein Koordinatensystem und prüft, ob alle Punkte durch eine Gerade verbunden werden können.

(2) Lara meint: „Aus den Koordinaten von P und Q bestimme ich die Gleichung für die Funktion und prüfe dann, ob die Punkte R und S die Gleichung der Funktion ebenfalls erfüllen."

(3) Jonas überträgt die Werte in eine Tabelle und berechnet den Quotienten für jedes Wertepaar.

2.2.2 Steigung – Steigungsdreieck

26 **13.**

Waagrechte Entfernung (in m)	Gewonnene Höhe (in m)
50	50 m · 0,17 = 8,50 m
20	20 m · 0,17 = 3,40 m
10	10 m · 0,17 = 1,70 m
30	30 m · 0,17 = 5,10 m

14. a) Steigung: $\frac{1}{2}$

Gleichung: $f(x) = \frac{1}{2}x$

b) Steigung: $-\frac{2}{3}$

Gleichung: $f(x) = -\frac{2}{3}x$

c) Steigung: $-\frac{3}{2}$

Gleichung: $f(x) = -\frac{3}{2}x$

d) Steigung: $\frac{4}{5}$

Gleichung: $f(x) = \frac{4}{5}x$

2.3   Lineare Funktionen und ihre Graphen

27 **15.**

x	– 3	– 1,5	0	1	4	5
y	0,5	1,25	2	2,5	4	4,5

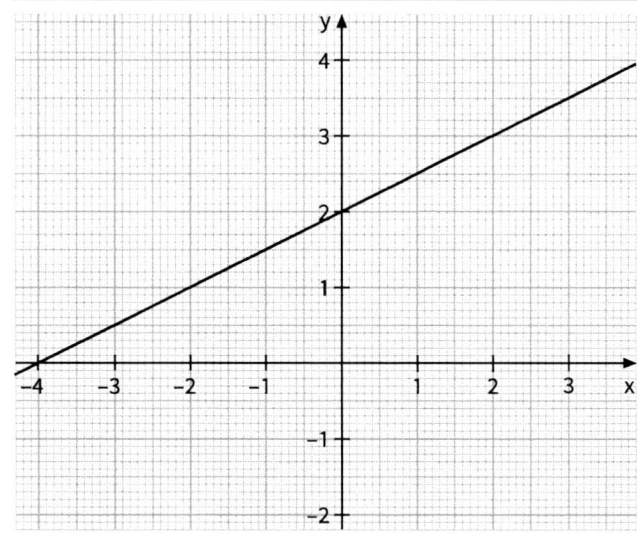

16.

x	– 1	– 0,5	0	0,5	1	2	3
y	– 5	– 4	– 3	– 2	– 1	1	3

Funktionsgleichung: $f(x) = 2x - 3$

17. Funktionsgleichung: $f(x) = 1 - 3x$

28 **18. a)** $y = \frac{2}{3}x - 1$ **b)** $y = -0,4x + 2$ **c)** $y = 5x - 1\frac{1}{2}$ **d)** $y = 3$ **e)** $y = -2x$

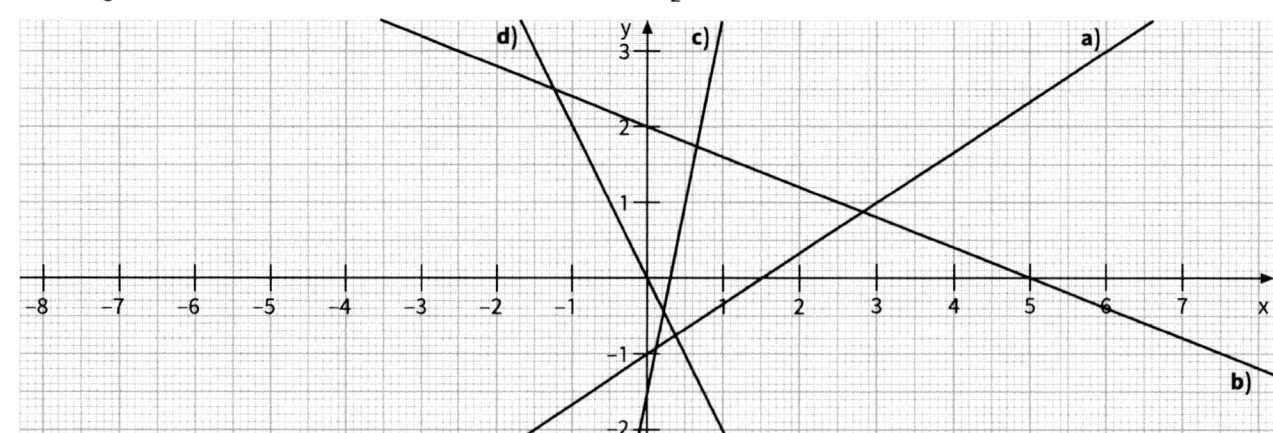

19. (1) $y = -\frac{1}{2}x$ **(3)** $y = -2,5$ **(5)** $y = -3x + 2$

(2) $y = \frac{1}{4}x + 2$ **(4)** $y = x$ **(6)** $y = \frac{1}{4}x$

29 **20.a)**

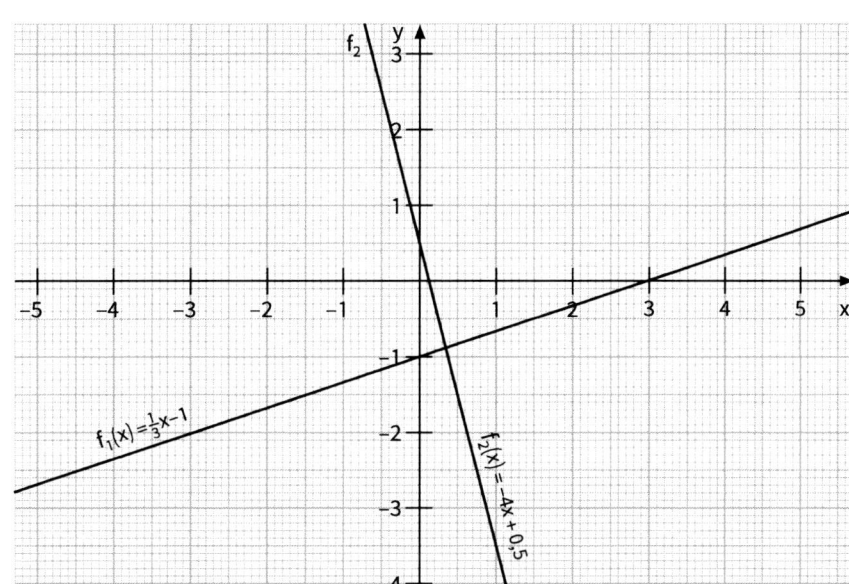

b) $f_1(-3) = -2$

$f_2(-1,5) = 6,5$

$f_1(1,5) = -0,5$

$f_2(0,5) = -1,5$

$f_1(4) = \frac{1}{3}$

$f_1(x) = -\frac{2}{3}$ gilt für $x = 1$

$f_1(x) = \frac{2}{3}$ gilt für $x = 5$

$f_2(x) = -\frac{2}{3}$ gilt für $x = \frac{7}{24}$

$f_2(x) = 2,5$ gilt für $x = -0,5$

c) $f_1(-345) = -116$ $f_1(16,35) = 4,45$ $f_1(1065) = 354$ $f_1\left(5\frac{5}{6}\right) = \frac{17}{18} = 0,9\overline{4}$

$f_2(-147,98) = 592,42$ $f_2(-7,932) = 32,228$ $f_2(1,45) = -5,3$ $f_2(777,2) = -3108,3$

d) P_1 liegt auf f_1; P_2 und P_3 liegen weder auf f_1 noch f_2.

e)

	Steigung	y-Achsen-abschnitt	steigend/fallend	Schnittpunkte mit den Achsen
Funktion f_1	$\frac{1}{3}$	-1	steigend	$S_x(3\,\vert\,0)$; $S_y(0\,\vert\,-1)$
Funktion f_2	-4	$0,5$	fallend	$S_x\left(\frac{1}{8}\,\middle\vert\,0\right)$; $S_y(0\,\vert\,0,5)$

f) **(1)** $S\left(\frac{9}{26}\,\middle\vert\,-\frac{23}{26}\right)$ **(2)** Grundseite: 1,5 cm; Höhe: $\frac{9}{26}$ cm; $A = \frac{1}{2} \cdot 1,5$ cm $\cdot \frac{9}{26} \approx 0,26$ cm² **(3)** 85,6°

2.4 Nullstellen linearer Funktionen – Lösen linearer Gleichungen

30 **21.a)** $\left(\frac{2}{3}\,\middle\vert\,0\right)$ **b)** $(-4\,\vert\,0)$ **c)** $\left(\frac{3}{2}\,\middle\vert\,0\right)$ **d)** $(0\,\vert\,0)$

22. z. B. $f(x) = x + 2$; $f(x) = 0,5x + 1$

2.5   Geraden durch Punkte

2.5.1 Geraden durch zwei Punkte

31   **23.a)**

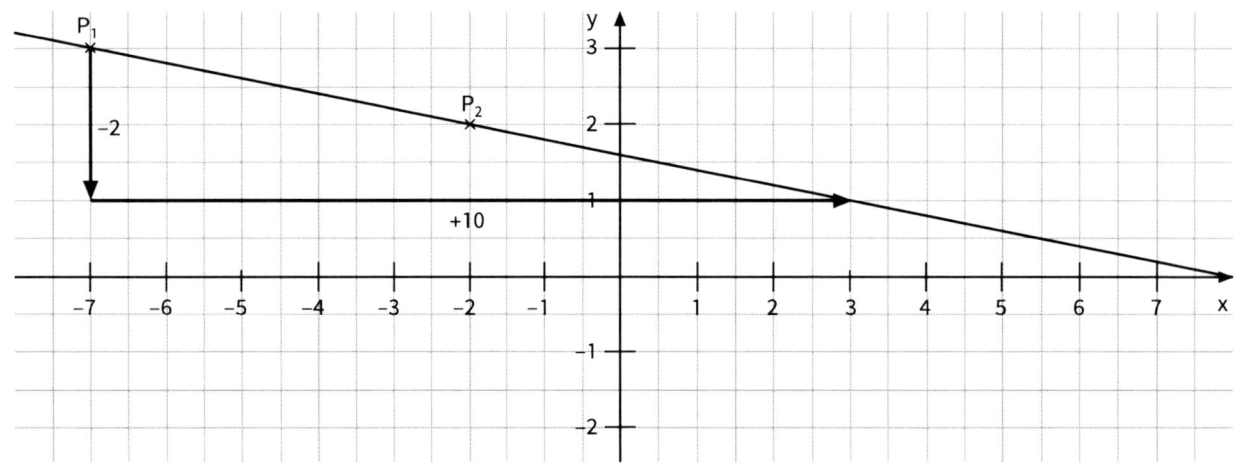

b) $m = -\frac{1}{5}$ **c)** $b = 2 - 2 \cdot \frac{1}{5} = 1{,}6$ **d)** $y = -\frac{1}{5}x + 1{,}6$

24.a) $y = \frac{1}{10}x + 2{,}5$ **b)** $y = -\frac{3}{2}x + 95$

2.5.2 Gerade durch Punktwolken

32   **25.a)**

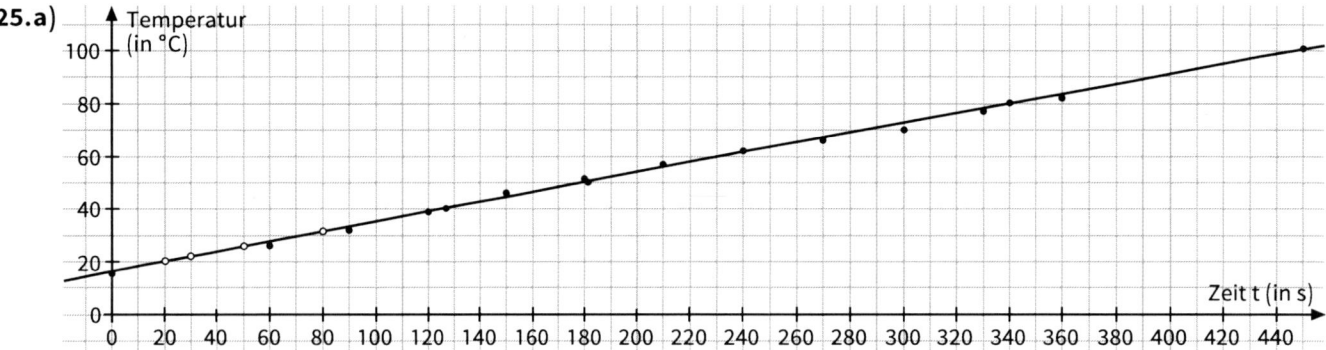

Die Messwerte beschreiben keine lineare Funktion. Am besten würde eine Funktion $f(x) = 0{,}19x + 16{,}38$ die Versuchsergebnisse darstellen.

b) nach etwa 20 Sekunden; 127 Sekunden; 180 Sekunden; 340 Sekunden

c) Da Wasser bei 100 °C siedet, nach etwa 440 Sekunden

2.6   Vermischte Übungen

33   **26.a)** $y = x$ **c)** $y = -x + 2$

b) $y = 1$ **d)** $y = 2x - 1{,}5$

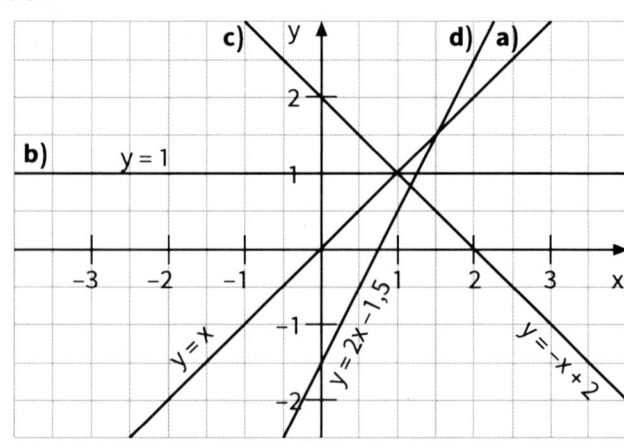

27.a) Der Graph wird parallel nach oben (bei Erhöhung von b) bzw. parallel nach unten (bei Verminderung von b) im Vergleich zum ursprünglichen Graphen verschoben.

b) Die Steigung steigt (bei Erhöhung von m) bzw. sinkt (bei Verminderung von m) im Vergleich zum ursprünglichen Graphen.

34

28. $m = \dfrac{4 - (-2)}{1 - (-3)} = \dfrac{6}{4} = \dfrac{3}{2}$

Da $y = mx + b$ gilt, Einsetzen von Q:

$4 = \dfrac{3}{2} \cdot 1 + b$

$b = 2{,}5$

Also ist $y = \dfrac{3}{2}x + 2{,}5$

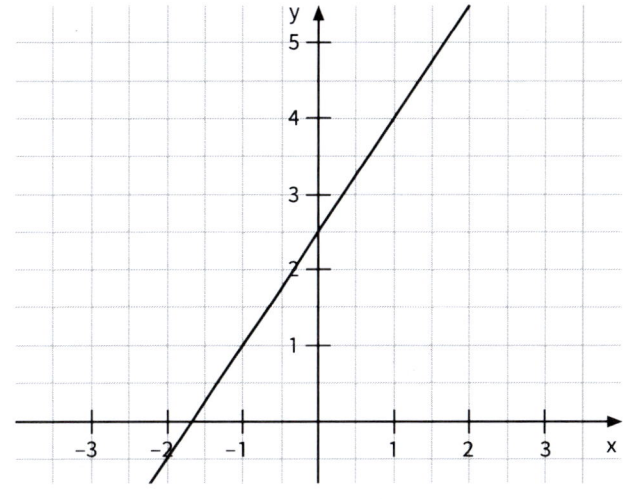

2.7 Antiproportionale Funktionen

29.a) $f(x) = \dfrac{1}{x}$ **b)** $f(x) = \dfrac{2}{x}$ **c)** $f(x) = -\dfrac{0{,}5}{x}$

Bist du kompetent im Umgang mit Funktionen Graph, Tabelle und Gleichung?

35

30.

2 | 3 | 7 |16|20| | |	4 | 9 |10|15|18|19|21|	1 | 5 | 8 |11|12|13|14|17	6 |22| | | | | |
keine Funktion (48)	*Funktion, nicht linear (96)*	*Funktion, linear, nicht proportional (81)*	*Funktion, proportional (28)*

31.a)

Funktionsgleichung	Steigung	y-Achsen-Abschnitt	Punkte auf dem Graphen	
(1) $y = -2x + 3$	-2	3	A(-1|...5...)	B(...2...|-1)
(2) $y = 0{,}5x + 2{,}5$	$0{,}5$	$2{,}5$	A(1|3)	B(2|...3,5...)
(3) $y = \frac{3}{4}x$ ...-1...	$\frac{3}{4}$	-1	A(0|...-1...)	B($\frac{4}{3}$|0)
(4) $y = -x + 1$	-1	1	A(-3|4)	B(2|-1)
(5) $y = \frac{3}{2}x + \frac{1}{2}$	$1{,}5$	$0{,}5$	A(1|...2...)	B($-\frac{1}{3}$|0)

b)

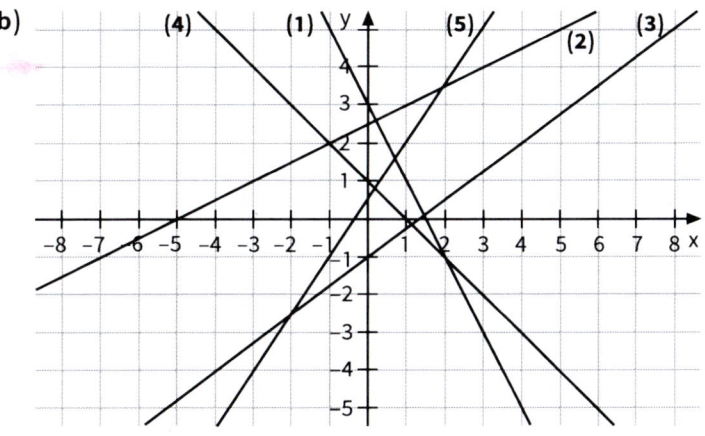

3.1 Lineare Gleichungen der Form $a \cdot x = b \cdot y + c$

36

1. a) $x + y = -1$

x	-3	-2	-1	0	1	2	3
y	2	1	0	-1	-2	-3	-4

b) $-x + 2y = 2$

x	-3	-2	-1	0	1	2	3
y	-0,5	0	0,5	1	1,5	2	2,5

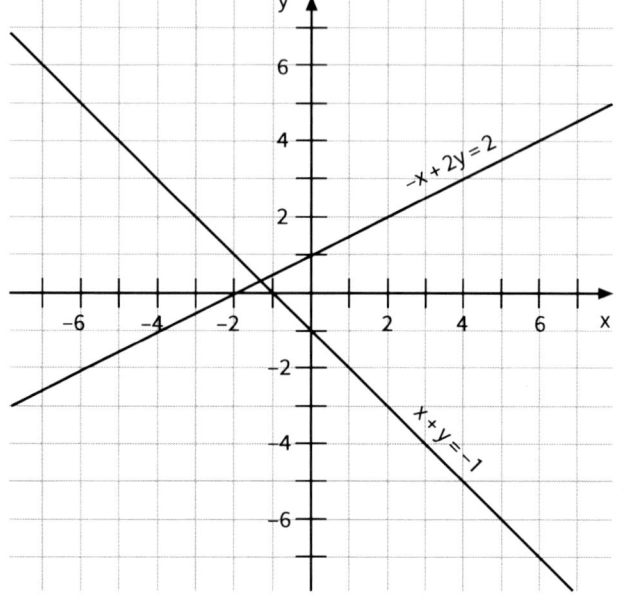

2. a) $2x + y = 10$

$(-4\,|\,18)$
$(-2\,|\,14)$
$(2\,|\,6)$
$(5\,|\,0)$

b) $-2x + \frac{1}{3}y + 4 = 0$

$(0,5\,|\,-9)$
$(2\,|\,0)$
$(5\,|\,18)$
$(1,6\,|\,-2,4)$

c) $\frac{2x + 2y}{4} = -2$

$(-2\,|\,-2)$
$(2\,|\,-6)$
$(1\,|\,-5)$
$(-6\,|\,2)$

d) $y + x = 4$

$(-2\,|\,6)$
$(-1\,|\,5)$
$(0\,|\,4)$
$(4,25\,|\,-0,25)$

3. (1) $y = 2$ Parallele zur x-Achse, schneidet die y-Achse bei $y = 2$.

  (2) $y = x$ Winkelhalbierende durch den ersten und dritten Quadranten

  (3) $x = -3$ Parallele zur y-Achse, schneidet x-Achse bei $x = -3$

Funktionen sind (1) und (2)

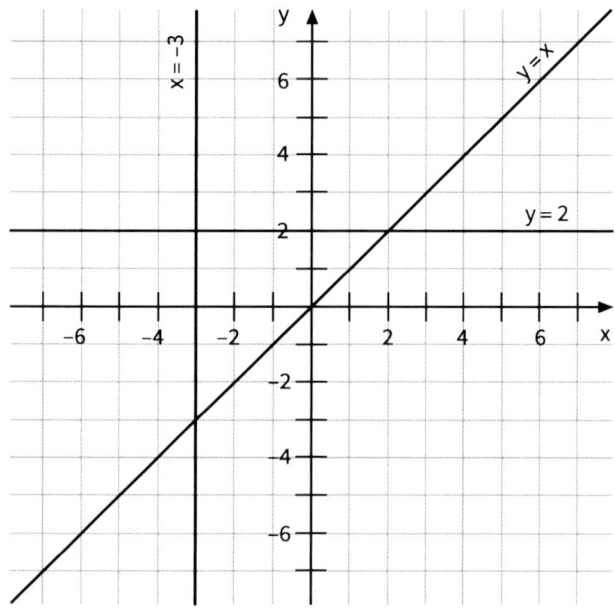

3.2 Systeme linearer Gleichungen – Grafisches Lösungsverfahren

37   **4. a)** **(1)** g: $y = 3x + 6$

(2) h: $y = -3x$

b) **(1)** g: $x = -4$

(2) h: $y = -3$

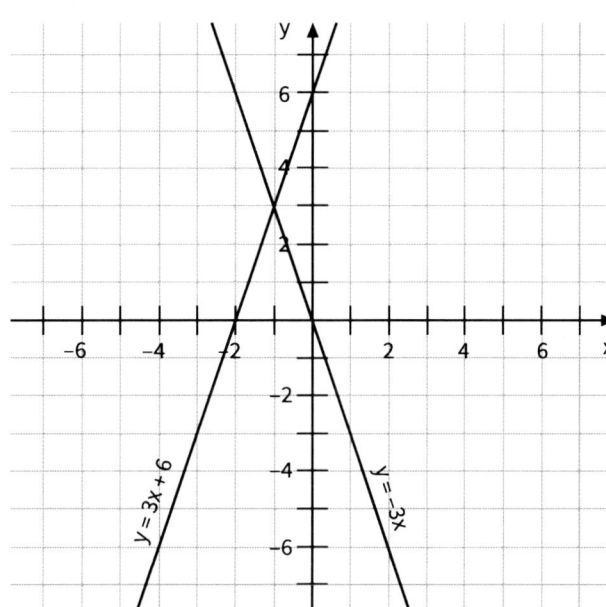

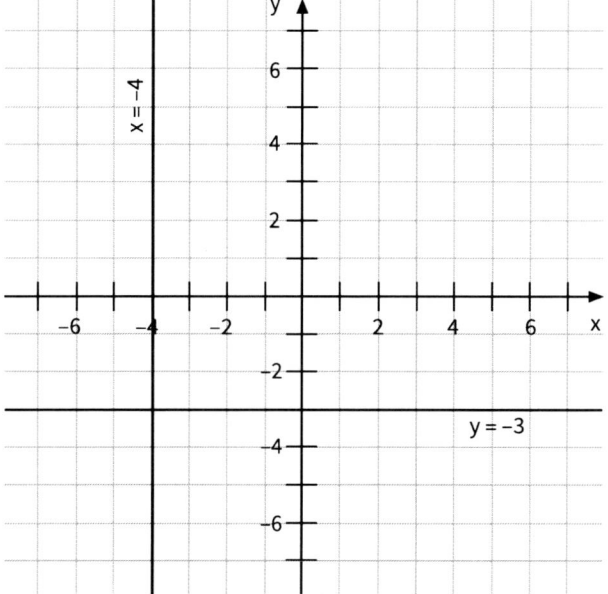

c) zum Beispiel: g: $y = 2x + 1$

h: $y = x$

Schnittpunkt $S(-1 \mid -1)$

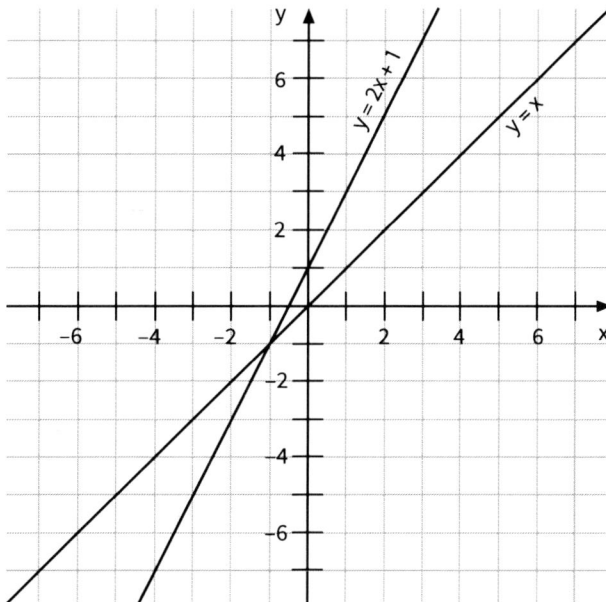

38   **5.**

$\begin{vmatrix} -4x + 2y = 10 \\ 3x - 3y = -9 \end{vmatrix}$	$\begin{vmatrix} y = 2x + 5 \\ y = \ \ x + 3 \end{vmatrix}$	$L = \{(-2 \mid 1)\}$	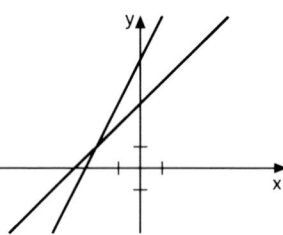
$\begin{vmatrix} -x + 0y = \ \ 2 \\ -x + 4y = -2 \end{vmatrix}$	$\begin{vmatrix} x = -2 \\ y = \frac{1}{4}x - \frac{1}{2} \end{vmatrix}$	$L = \{(-2 \mid -1)\}$	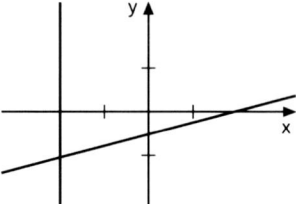
$\begin{vmatrix} 12x - = 8 \\ 4y = 2 \end{vmatrix}$ $3x - y$	$\begin{vmatrix} y = 3x - 2 \\ 2y = 6x - 4 \end{vmatrix}$	$L = \{(x \mid y) \mid y = 3x - 2\}$	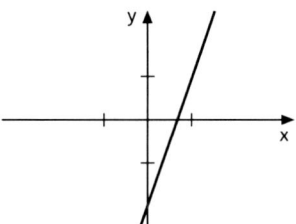
$\begin{vmatrix} -3x + 6y = 6 \\ 3x + 6y = 6 \end{vmatrix}$	$\begin{vmatrix} y = \ \ \ \ 0{,}5x \\ y = \ -\frac{1}{2} + 1 \end{vmatrix}$	$L = \{(0 \mid 1)\}$	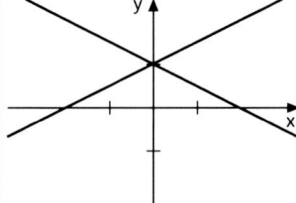
$\begin{vmatrix} 3x + 0y = 6 \\ 0x + 3y = 6 \end{vmatrix}$	$\begin{vmatrix} x = 2 \\ y = 2 \end{vmatrix}$	$L = \{(2 \mid 2)\}$	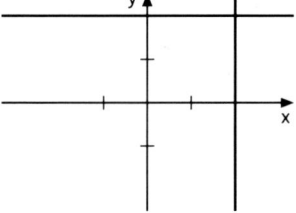
$\begin{vmatrix} 3x - y = \ \ 1 \\ 3x - y = -1 \end{vmatrix}$	$\begin{vmatrix} y = \ \ \ \ 3x \\ y = \ \ \ -1 \end{vmatrix}$ $3x$ $+ 1$	$L = \{\ \ \}$	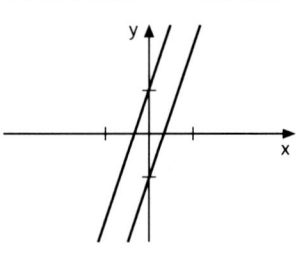

39   **6. a)** i und h   **b)** i und h   **c)** h und g   **d)** i und g

39 **7. a)** $\begin{vmatrix} 5y = 2x + 4 \\ y = -\frac{1}{3}x + 3 \end{vmatrix}$ **b)** $\begin{vmatrix} x - 2y = -2 \\ x - 2y = 2 \end{vmatrix}$ **c)** $\begin{vmatrix} y = 1 \\ x + y = -1 \end{vmatrix}$ **d)** $\begin{vmatrix} y = 2x + 2 \\ 2y = -x + 1 \end{vmatrix}$

$L = \{3 \,|\, 2\}$ $\qquad$ $L = \{ \ \}$ $\qquad$ $L = \{-2 \,|\, 1\}$ $\qquad$ $L = \left\{-\frac{3}{5} \,\middle|\, \frac{4}{5}\right\}$

3.3 Gleichsetzungsverfahren

40 **8. a)** In der 2. Gleichung des letzten Gleichungssystems heißt es y = – 1.

b) Der Fehler liegt im 3. Gleichungssystem. Die erste Gleichung lautet: 3a – 90 = – 20a – 4a

$\begin{vmatrix} 9a = 270 - 3b \\ -20a - 4a = b \end{vmatrix}$

$\begin{vmatrix} -3a + 90 = b \\ -24a = b \end{vmatrix}$

$\begin{vmatrix} -3a + 90 = -24a \\ -24a = b \end{vmatrix}$

$\begin{vmatrix} a = -\frac{30}{7} \\ -24a = b \end{vmatrix}$

$\begin{vmatrix} a = -\frac{30}{7} \\ b = \frac{720}{7} \end{vmatrix}$

9. x: Anzahl der Kinder

y: Anzahl der Erwachsenen

$\begin{vmatrix} x + y = 480 \\ 2x + 4y = 1270 \end{vmatrix}$

$\begin{vmatrix} y = 480 - x \\ y = 317,5 - \frac{1}{2}x \end{vmatrix}$

Gleichsetzen der rechten Seiten der Gleichungen:

$480 - x = 317,5 - \frac{1}{2}x$

$\frac{1}{2}x = 162,5$

$x = 325$

$y = 480 - 325 = 155$

L = {(325 | 155)}

325 Kinder und 155 Erwachsene haben eine Tageskarte gekauft.

3.4 Einsetzungsverfahren

41 **10.** $\begin{vmatrix} 3x - 5y = -14 \\ y = 6 - x \end{vmatrix}$ Man löst eine Gleichung nach einer Variablen auf.

$\begin{vmatrix} 3x - 5 \cdot (6 - x) = -14 \\ y = 6 - x \end{vmatrix}$ Man setzt den umgestellten Term in die andere Gleichung ein.

$\begin{vmatrix} 3x - 30 + 5x = -14 \\ y = 6 - x \end{vmatrix}$ Man berechnet den Wert der anderen Variablen und setze diesen anschließend ein.

$\begin{vmatrix} 8x = 16 \\ y = 6 - x \end{vmatrix}$

$\begin{vmatrix} x = 2 \\ y = 6 - 2 = 4 \end{vmatrix}$

L = {(2 | 4)} $\qquad$ Man notiert die Lösungsmenge.

11. –

3.5   Additionsverfahren

42   **12.a)** Florian hat die 9 Kisten Leergut von Frau Aquarius, direkt mit den 7 neu gekauften Kisten verrechnet. Damit bekommt sie 2y zurück.

Herr Bibamus muss hingegen 2y Pfand bezahlen.

(Fehler in der ersten Auflage des Arbeitsheftes: in der Zeichnung muss es in der ersten Gleichung +2y heißen)

b) Durch Addition der Gleichungen ergibt sich 9x = 35,91. 9 Kisten kosten also 35,91 €.

c)
$$\begin{vmatrix} 2x + 2y = 13,58 \\ 7x - 2y = 22,33 \end{vmatrix}$$
$$\begin{vmatrix} 2x + 2y = 13,58 \\ 9x = 35,91 \end{vmatrix}$$
$$\begin{vmatrix} 2x + 2y = 13,58 \\ x = 3,99 \end{vmatrix}$$
$$\begin{vmatrix} 7,98 + 2y = 13,58 \\ x = 3,99 \end{vmatrix}$$
$$\begin{vmatrix} y = 2,80 \\ x = 3,99 \end{vmatrix}$$

13.a)
$$\begin{vmatrix} 2x + 5y = 12 \\ 3x - 5y = -7 \end{vmatrix} \;+$$
$$\begin{vmatrix} 5x = 5 \\ 3x - 5y = -7 \end{vmatrix} \;:5$$
$$\begin{vmatrix} x = 1 \\ 3 \cdot 1 - 5y = -7 \end{vmatrix}$$
$$\begin{vmatrix} x = 1 \\ y = 2 \end{vmatrix}$$

b)
$$\begin{vmatrix} 6x - 2y = 6 \\ -3x + 5y = 9 \end{vmatrix} \;\cdot 2$$
$$\begin{vmatrix} 6x - 2y = 6 \\ -6x + 10y = 18 \end{vmatrix} \;+$$
$$\begin{vmatrix} 8y = 24 \\ -6x + 10y = 18 \end{vmatrix} \;:8$$
$$\begin{vmatrix} y = 3 \\ -6x + 10 \cdot 3 = 18 \end{vmatrix}$$
$$\begin{vmatrix} y = 3 \\ x = 2 \end{vmatrix}$$

c)
$$\begin{vmatrix} 7x + 2y = 9 \\ 9x + 3y = 12 \end{vmatrix} \;\begin{matrix} \cdot(-3) \\ \cdot 2 \end{matrix}$$
$$\begin{vmatrix} -21x - 6y = -27 \\ 18x + 6y = 24 \end{vmatrix} \;+$$
$$\begin{vmatrix} -3x = -3 \\ 18x + 6y = 24 \end{vmatrix} \;:(-3)$$
$$\begin{vmatrix} x = 1 \\ 18 \cdot 1 + 6y = 24 \end{vmatrix}$$
$$\begin{vmatrix} x = 1 \\ y = 1 \end{vmatrix}$$

3.6   Sonderfälle beim rechnerischen Lösen

43   **14.**
$$\begin{vmatrix} \frac{1}{4}x + y = -1 \\ y = -\frac{1}{4}x \end{vmatrix}$$
$$\begin{vmatrix} 0 = -1 \\ y = -\frac{1}{4}x \end{vmatrix}$$
$$L = \{\ \}$$

$$\begin{vmatrix} \frac{1}{4}x + y = 0 \\ y = -\frac{1}{4}x \end{vmatrix}$$
$$\begin{vmatrix} 0 = 0 \\ y = -\frac{1}{4}x \end{vmatrix}$$
$$L = \left\{ (x \mid y) \mid y = -\frac{1}{4}x \right\}$$

$$\begin{vmatrix} \frac{1}{2}x + y = 0 \\ y = -\frac{1}{4}x \end{vmatrix}$$
$$\begin{vmatrix} x = 0 \\ y = 0 \end{vmatrix}$$
$$L = \{(0 \mid 0)\}$$

15.a)
$$\begin{vmatrix} 2m = 2n - 8 \\ 2n - 8 = 2n - 4 \end{vmatrix}$$
$$\begin{vmatrix} 2m = 2n - 8 \\ -8 = -4 \end{vmatrix}$$
$$L = \{\ \}$$

b)
$$\begin{vmatrix} 6x + 3,5y = -4 \\ 12x = -6 \end{vmatrix}$$
$$\begin{vmatrix} 6x + 3,5y = -4 \\ x = -\frac{1}{2} \end{vmatrix}$$
$$\begin{vmatrix} y = -\frac{2}{7} \\ x = -\frac{1}{2} \end{vmatrix}$$
$$L = \left\{ \left(-\frac{1}{2} \mid -\frac{2}{7} \right) \right\}$$

c)
$$\begin{vmatrix} x - 2(x - 6) = 4 \\ y = x - 6 \end{vmatrix}$$
$$\begin{vmatrix} -x + 12 = 4 \\ y = x - 6 \end{vmatrix}$$
$$\begin{vmatrix} x = 8 \\ y = 2 \end{vmatrix}$$
$$L = \{(8 \mid 2)\}$$

16.a) $-12x = -4y + 4$ **b)** $y = 3x + 2$ **c)** $3x - 4y = -4$

3.7 Vermischte Übungen

43 **17.a)** $\begin{vmatrix} -x + 2y = 0 \\ -2x + y + 3 = 0 \end{vmatrix}$ **b)** $\begin{vmatrix} 3x + 2y = 3 \\ -x + y = -1 \end{vmatrix}$ **c)** $\begin{vmatrix} 1 - y = 0 \\ x = 2y - 3 \end{vmatrix}$

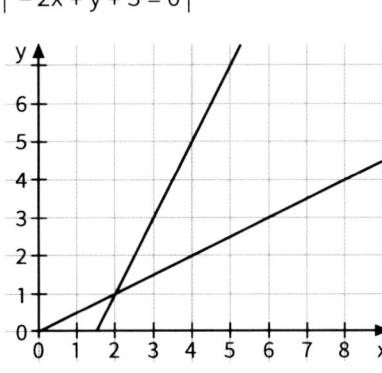 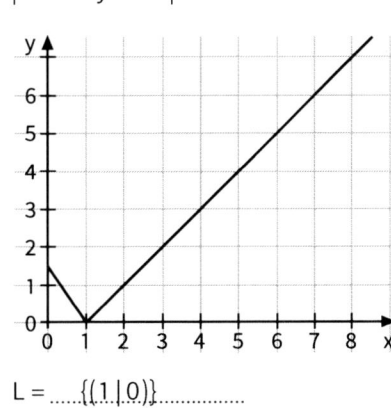 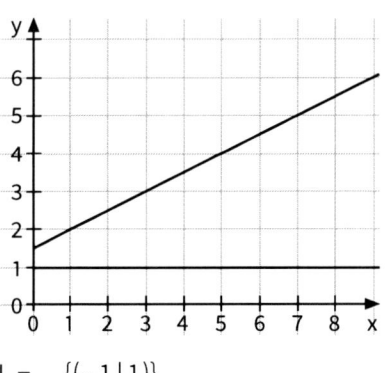

L = ...{(2|1)}............ L = ...{(1|0)}............ L = ...{(-1|1)}............

44 **18.** Die Aufgaben 1, 3, 4, 6 und 7 können mit dem Gleichungssystems gelöst werden.
Die Lösungsmenge ist L = {(7|9)}.

19. Gleichung 1: x + y = 72   x: Autos
Gleichung 2: 4x + 2y = 232   y: Motorräder

$\begin{vmatrix} x + y = 72 \\ 4x + 2y = 232 \end{vmatrix}$

$\begin{vmatrix} x = 72 - y \\ 4 \cdot (72 - y) + 2y = 232 \end{vmatrix}$

$\begin{vmatrix} x = 72 - y \\ 2y = 56 \end{vmatrix}$

$\begin{vmatrix} x = 44 \\ y = 28 \end{vmatrix}$

Es stehen 44 Autos und 28 Motorräder auf dem Parkplatz.

3.8 Modellieren mithilfe linearer Gleichungssysteme

45 **20.a) (1)**

Zeit (in h)	Entfernung des Pkw (in km)	Entfernung des Lkw (in km)
0	375	239
1	245	159
2	115	79
2,5	50	39
2,75	17,5	19

45   **20.a)** Fortsetzung

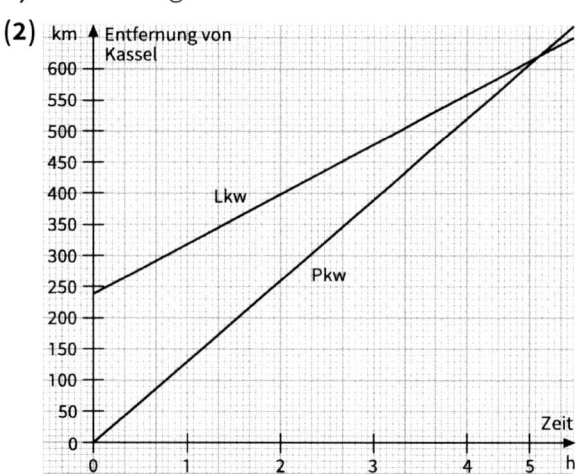

(2)

(3)
$$\left| \begin{array}{l} y = 130x \\ y = 80x + 136 \end{array} \right|$$

$$\left| \begin{array}{l} y = 130x \\ 50x = 136 \end{array} \right|$$

$$\left| \begin{array}{l} y = 353{,}6 \\ x = 2{,}72 \end{array} \right|$$

b) Die Tabelle ist recht ungenau, für einen Überschlag aber gut geeignet. Beim grafischen Verfahren kann das Zeichnen zu Ungenauigkeiten führen. Die Rechnung führt zum genauen Ergebnis, was auch nicht immer sinnvoll sein muss.

c) Als Näherung sind die Angaben okay, im Verkehr kommt es allerdings immer zu Verzögerungen, weswegen nur mit durchschnittlichen Angaben gerechnet werden kann. Die Wahrscheinlichkeit, dass sich Frau Klein und Herr Groß an der erwarteten Stelle treffen, ist also gering.

Bist du kompetent im Argumentieren und Kommunizieren ?
Vergleichen von Tarifen

46   **21.**

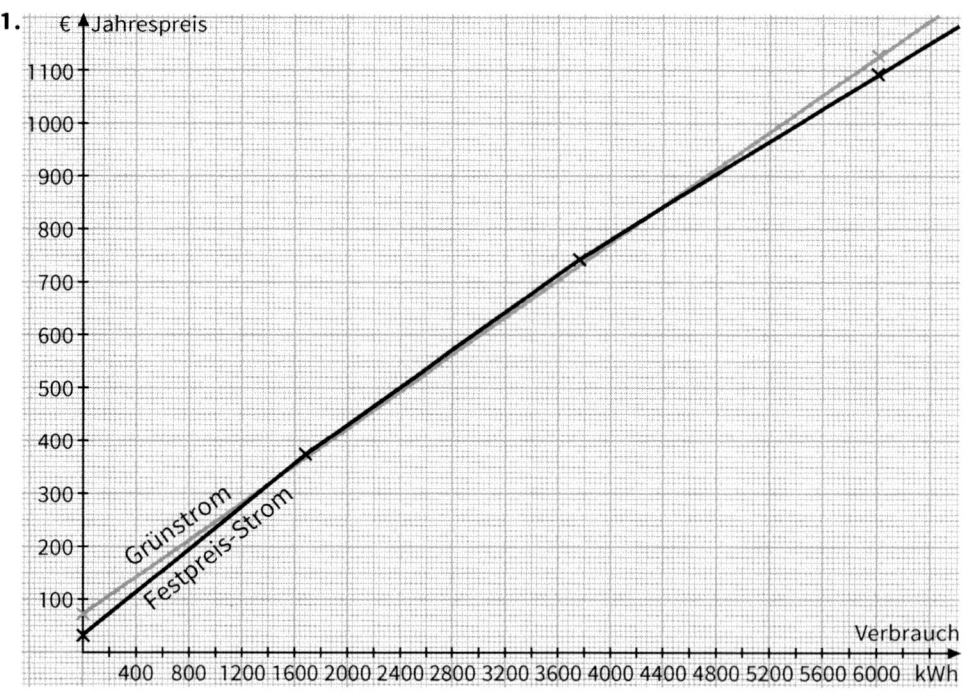

Am Verlauf der beiden Graphen sieht man, dass bis zu einem Verbrauch von etwa 1400 kWh der Tarif "Festpreis-Strom" günstiger ist. Bei einem höheren Verbrauch bis etwa 4400 kWh sollte man sich für Grünstrom entscheiden. Liegt der Stromverbrauch höher als 4400 kWh ist wieder der Festpreis-Strom der günstigere Tarif.

22. Man sollte u.a. auf Festpreise und Arbeitspreise in Abhängigkeit vom Verbauch achten

4.1 Zweistufige Zufallsexperimente – Baumdiagramme

47 **1. a)** Ergebnis 1: grün, rot
Ergebnis 2: grün, gelb
Ergebnis 3: rot, grün
Ergebnis 4: rot, gelb
Ergebnis 5: gelb, grün
Ergebnis 6: gelb, rot

b)

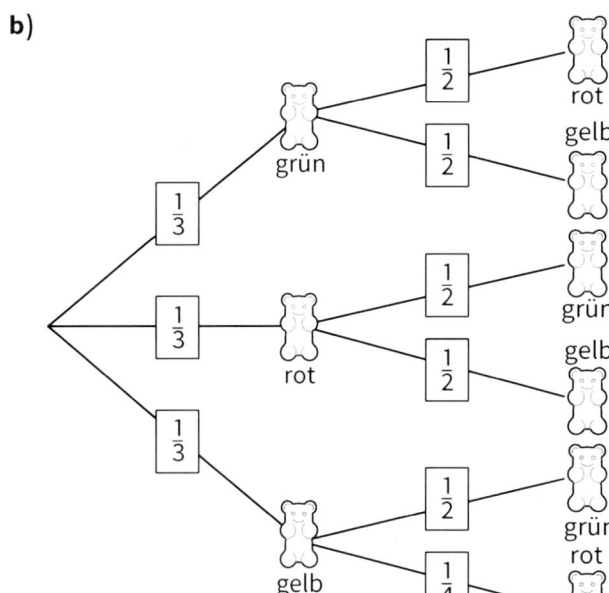

4.2 Pfadregeln

2. a)

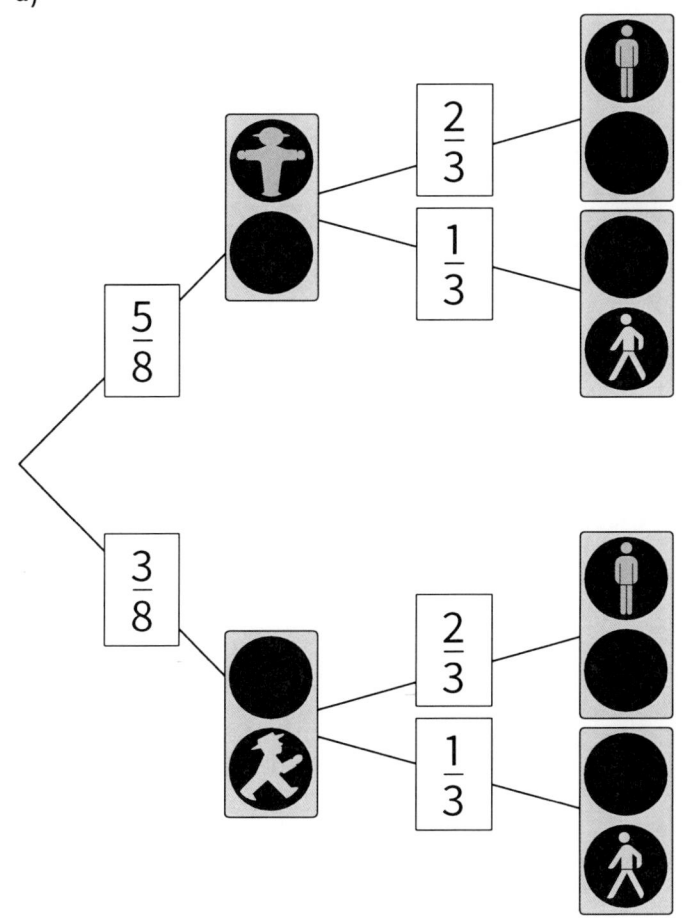

1. Ampel   2. Ampel

b) E_1: Beide Ampeln sind grün.

E_2: Eine Ampel ist rot, die andere grün.

E_3: Mindestens eine rote Ampel.

$P(E_1) = \frac{3}{8} \cdot \frac{1}{3} = \frac{1}{8}$

$P(E_2) = \frac{5}{8} \cdot \frac{1}{3} + \frac{3}{8} \cdot \frac{2}{3} = \frac{11}{24}$

$P(E_3) = 1 - \frac{1}{8} = \frac{7}{8}$

48   **3. a) (1)**   **b) (2)**

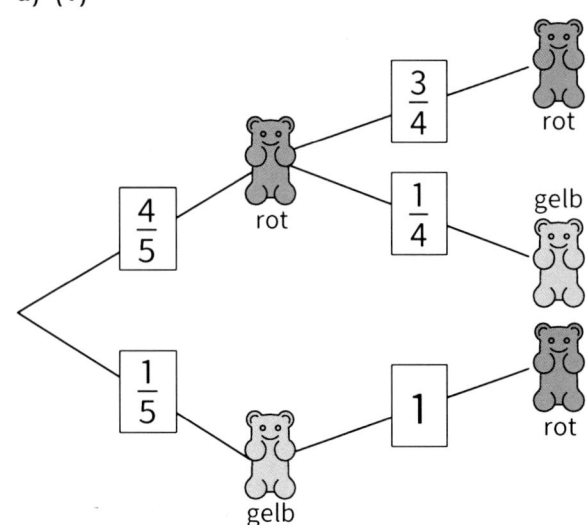
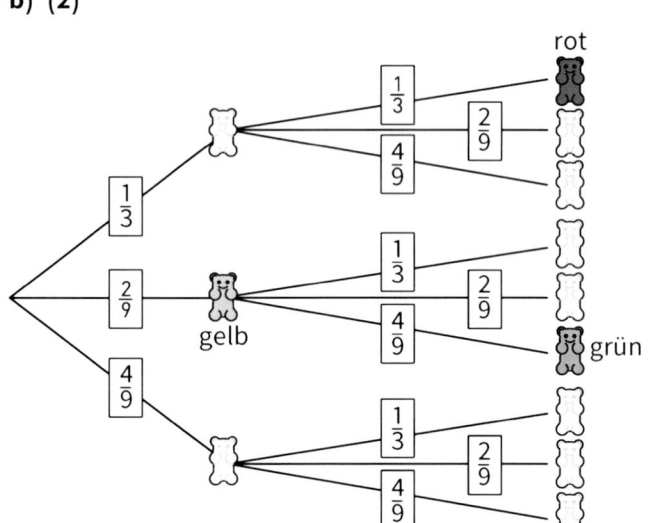

(2) E_1: ein gelbes Gummibärchen

      E_2: kein gelbes Gummibärchen

      E_3: mindestens ein rotes Gummibärchen

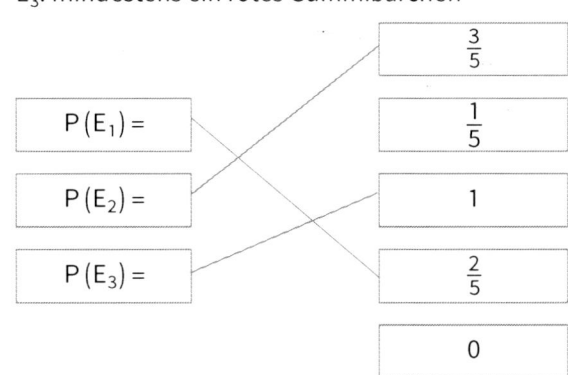

(2) 3 rote, 2 gelbe, 4 grüne

(3) E_4: zwei Gummibärchen gleicher Farbe

$$P(E_4) = \frac{1}{3} \cdot \frac{1}{3} + \frac{2}{9} \cdot \frac{2}{9} + \frac{4}{9} \cdot \frac{4}{9} = \frac{29}{81}$$

$E_5 = \overline{E_4}$: zwei Bärchen unterschiedlicher Farbe

$$P(E_5) = 1 - \frac{29}{81} = \frac{52}{81}$$

E_6: mindestens ein gelbes Gummibärchen

$$P(E_6) = \frac{1}{3} \cdot \frac{2}{9} + \frac{2}{9} + \frac{4}{9} \cdot \frac{2}{9} = \frac{32}{81}$$

(3) E_4: kein rotes Gummibärchen; $P(E_4) = 0$ E_5: erst ein gelbes, dann ein rotes Gummi bärchen; $P(E_5) = \frac{1}{5}$

49   **4. a)** –

     b) Nein. Der zweite Spieler kann sich zwar einen besseren Würfel aussuchen, gewinnt aber nicht sicher.

     c)

	Würfel 1		Würfel 2		Würfel 3	
Augenzahl (A)	1	4	2	6	3	5
$P(A)$	$\frac{1}{3}$	$\frac{2}{3}$	$\frac{2}{3}$	$\frac{1}{3}$	$\frac{5}{6}$	$\frac{1}{6}$

     d) E_1: Würfel 1 gewinnt

$$P(E_1) = \frac{2}{3} \cdot \frac{2}{3} = \frac{4}{9}$$

       E_2: Würfel 2 gewinnt

$$P(E_2) = 1 - \frac{4}{9} = \frac{5}{9}$$

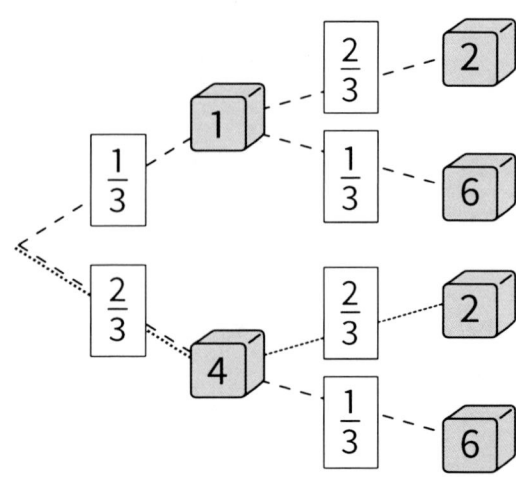

50   **4. e) (1)** $\frac{1}{3} \cdot \frac{5}{6} + \frac{1}{3} \cdot \frac{1}{6} = \frac{1}{3}$

ist richtig.

(2) $\frac{5}{6} \cdot \frac{1}{3} + \frac{1}{6} = \frac{4}{9}$

ist falsch.

Würfel 2 gegen Würfel 3:

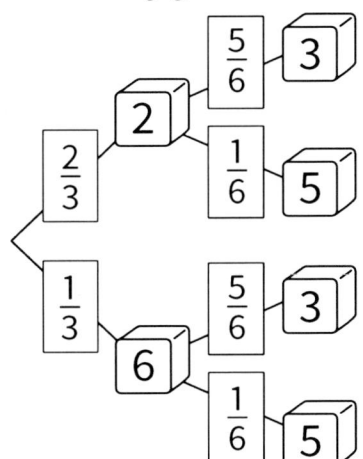

Würfel 3 gegen Würfel 1:

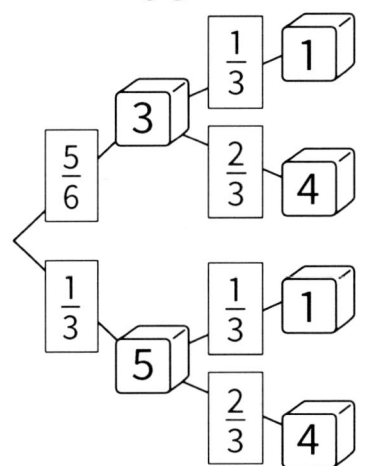

f) „Wenn mein Mitspieler den Würfel 1 nimmt, dann nehme ich …

Würfel 2. Nimmt mein Mitspieler Würfel 2, so nehme ich Würfel 3. Hat er Würfel 3, wähle ich Würfel 1.

Ich gewinne dann zwar nicht sicher, habe aber eine bessere Siegchance."

g) –

4.3   Streuung bei Häufigkeitsverteilungen – Boxplots

5. a)

	Würfel 1	Würfel 2	Pasch ja/nein		
	A	B	C	D	E
1	Würfel 1	Würfel 2	Pasch ja/nein		
2		1	3 Nein		
3		6	6 Ja		
4		4	6 Nein		
5		5	6 Nein		
6		5	1 Nein		
7		5	5 Ja		
8		6	5 Nein		
9		6	1 Nein		
10		5	5 Ja		
11		1	4 Nein		
12		5	2 Nein		
13		6	3 Nein		
14		5	2 Nein		
15		4	3 Nein		
16		4	1 Nein		
17		4	4 Ja		
18		2	1 Nein		
19		2	6 Nein		
20		3	4 Nein		
21		6	4 Nein		
22		2	1 Nein		
23		1	2 Nein		
24		5	2 Nein		
25		3	1 Nein		
26		6	2 Nein		
27		2	3 Nein		
28		4	1 Nein		
29		4	2 Nein		
30		6	5 Nein		
31		2	6 Nein		
32		3	5 Nein		
33		1	4 Nein		
34		1	4 Nein		
35		3	6 Nein		
36		6	1 Nein		
37		1	4 Nein		
38					
39	Anzahl der Pasch				
40		4			

Formelzeile: C10 f_x =WENN(A10=B10;"Ja";"Nein")

b)

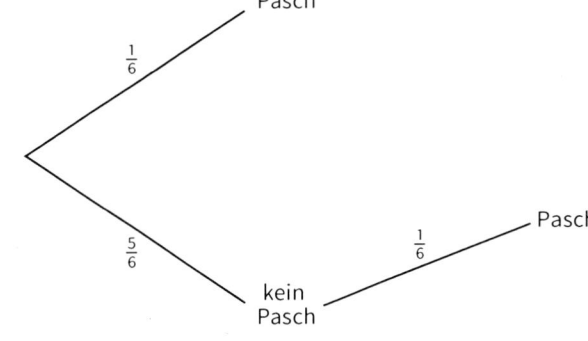

P (Pasch nach mindestens zwei Versuchen)
$= \frac{1}{6} + \frac{5}{6} \cdot \frac{1}{6} = \frac{11}{36}$

5.1 Quadratwurzeln

5.1.1 Einführung der Quadratwurzeln

51

1. a) $\sqrt{36} = 6$ **c)** $-8 = \sqrt{64}$ **e)** $\dfrac{1}{\sqrt{4}} = \sqrt{\dfrac{1}{4}}$ **g)** $\sqrt{\sqrt{16}} < 4$ **i)** $\dfrac{3}{12} = \dfrac{1}{\sqrt{16}}$

b) $\sqrt{2} > 1{,}4$ **d)** $-\sqrt{4} > -4$ **f)** $\sqrt{62\,500} > 50$ **h)** $\sqrt{1{,}44} > 0{,}12$ **j)** $\sqrt{(-1)^2} = 1$

2. $\sqrt{\dfrac{1}{100}} = \sqrt{\sqrt{0{,}0001}} = \sqrt{\dfrac{1}{10}\cdot\dfrac{1}{10}} = 1 : \sqrt{100} = \sqrt{\dfrac{1}{100}} = \sqrt{\sqrt{\dfrac{1}{10^4}}} = \sqrt{0{,}01} = \sqrt{100}:10^2 = \sqrt{\dfrac{1}{\sqrt{10^4}}} = \dfrac{1}{10} = \sqrt{\dfrac{1}{10^2}} = \sqrt{\dfrac{1}{150}+\dfrac{1}{300}}$

$\sqrt{4\cdot4} = \sqrt{2^4} = 2\cdot2 = \sqrt{\sqrt{2^8}} = \sqrt{16} = \sqrt{4^2} = \sqrt{\sqrt{16^2}} = \sqrt{\sqrt{256}} = 2^2$

$25\cdot\sqrt{16} = \sqrt{100^2} = \sqrt{25}\cdot20 = \sqrt{10\,000} = \sqrt{10^4} = \sqrt{100\cdot100} = \sqrt{\dfrac{10^5}{10}} = \sqrt{10\cdot1000}$

5.1.2 Näherungwerte von Quadratwurzeln

3. a) $(3\,\text{cm})^2 = 9\,\text{cm}^2 < 14\,\text{cm}^2 < 16\,\text{cm}^2 = (4\,\text{cm})^2$ **b)** $(2\,\text{cm})^2 = 4\,\text{cm}^2 < 5\,\text{cm}^2 < 9\,\text{cm}^2 = (3\,\text{cm})^2$
Seitenlänge zwischen 3 cm und 4 cm.   Seitenlänge zwischen 2 und 3 cm.
Exakt: 3,74 cm   Exakt: 2,24 cm

5.1.3 Irrationale Zahlen

4. a) $\sqrt{289} = 17$ (r)   **c)** $\sqrt{\dfrac{36}{81}} = \dfrac{6}{9} = \dfrac{2}{3} \approx 0{,}67$ (r)   **e)** $\sqrt{1{,}21} = 1{,}1$ (r)

b) $-\sqrt{7} \approx -2{,}65$ (i)   **d)** $\sqrt{0{,}2} \approx 0{,}45$ (i)   **f)** $\sqrt{\dfrac{18}{36}} = \sqrt{\dfrac{1}{2}} = \dfrac{1}{\sqrt{2}} \approx 0{,}707$ (i)

5.2 Reelle Zahlen

5.

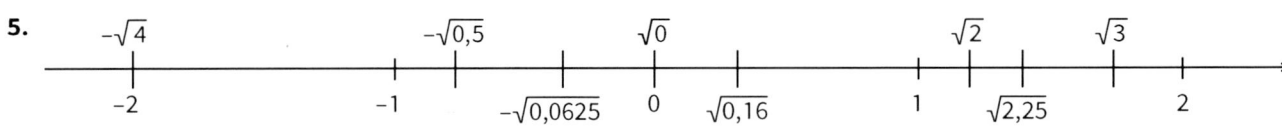

52 **6. a)** $-\dfrac{1}{\sqrt{2}};\ \dfrac{1}{\sqrt{3}};\ \dfrac{1}{\sqrt{2}}$ **b)** $0{,}1201$

5.3 Intervallhalbierungsverfahren

7.

untere Näherungszahl	obere Näherungszahl	Mittelwert n	n^2
5	6	5,5	30,25
5,5	6	5,75	33,0625
5,5	5,75	5,625	31,64
5,5	5,625	5,5625	30,94
5,5625	5,625	5,59375	31,29
5,5625	5,59375	5,578125	31,12

Näherungswert: $\sqrt{31} \approx 5{,}5$

5.4 Rechenregeln für Quadratwurzeln und ihre Anwendung

52 **8.** Korrekt gelöst: A; E; L; M; P

Lösungswort: LAMPE

R: $\sqrt{2} \cdot \sqrt{405} = \sqrt{2 \cdot 405} = \sqrt{810} = 28{,}46$

N: $\sqrt{-81} \neq 9$

S: $\sqrt{\dfrac{0{,}36}{0{,}9}} = \dfrac{\sqrt{0{,}36}}{\sqrt{0{,}9}} = \dfrac{0{,}6}{0{,}949} \cdots$

T: $\sqrt{180} + \sqrt{16} \neq \sqrt{180 + 16}$

9.

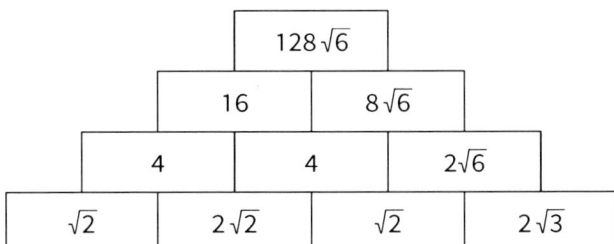

Multiplikationsmauer

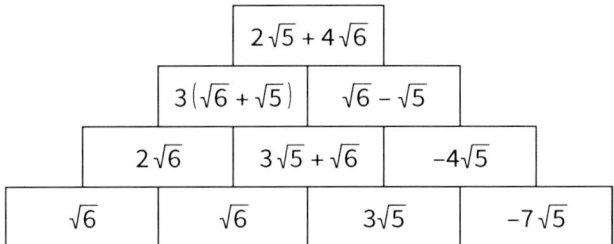

Additionsmauer

53 **10.a)** $\sqrt{64} \cdot \sqrt{36} = 48$

$\sqrt{9} \cdot \sqrt{4} = 6$

$\sqrt{18} - \sqrt{8} = \sqrt{2}$

$\sqrt{18} \cdot \sqrt{\dfrac{1}{8}} = \dfrac{3}{2}$

b) $\sqrt{64} + \sqrt{36} = 14$

$\sqrt{\dfrac{1}{4}} \cdot 2 \cdot \sqrt{\dfrac{1}{9}} = \dfrac{1}{3}$

$\sqrt{18} \cdot \sqrt{8} = 12$

$\dfrac{3}{\sqrt{18}} + \dfrac{2}{\sqrt{8}} = \sqrt{2}$

c) $\sqrt{64} - \sqrt{36} = 2$

$\sqrt{9} + \sqrt{4} = 5$

$\sqrt{18} : \sqrt{8} = \dfrac{3}{2}$

$\dfrac{12}{\sqrt{18}} - \sqrt{8} = 0$

d) $\sqrt{64} : \sqrt{36} = \dfrac{4}{3}$

$\sqrt{3} : \sqrt{\dfrac{3}{4}} = 2$

$\sqrt{18} + \sqrt{8} = 5\sqrt{2}$

$\dfrac{1}{\sqrt{18}} : \sqrt{8} = \dfrac{1}{12}$

5.5 Anwenden der Wurzelgesetze auf Terme mit Variablen

11.

	Umformung	w	f	Korrektur
a)	$\sqrt{-9x^2} = -3x$		×	$\sqrt{-1} \cdot \sqrt{9x^2} = \sqrt{-1} \cdot 3x$
b)	$\sqrt{(-9x)^2} = 3x$		×	$\sqrt{81x^2} = 9x$
c)	$(\sqrt{9x})^2 = 3x^2$		×	$(3\sqrt{x})^2 = 9x$
d)	$\sqrt{9x} + \sqrt{9x} = \sqrt{18x}$		×	$3 \cdot \sqrt{x} + 3 \cdot \sqrt{x} = 6 \cdot \sqrt{x}$
e)	$\sqrt{9x} \cdot \sqrt{9x} \cdot \sqrt{9x} \cdot \sqrt{9x} = 81x^2$	×		
f)	$\sqrt{(9 - x)^2} = 3 - x$		×	$9 - x$ (für $x > 0$)

12. Felder, deren Quadrat x ergibt:

$2 \cdot \sqrt{\dfrac{x}{4}}; \quad (\sqrt{x})^2; \quad \sqrt{\dfrac{x}{16}} - \dfrac{5}{4}\sqrt{x}; \quad \sqrt{(\sqrt{2x} - \sqrt{x})(\sqrt{2x} + \sqrt{x})}; \quad \dfrac{9}{\sqrt{3}} \cdot \sqrt{\dfrac{x}{27}}; \quad \dfrac{a}{x}\sqrt{\dfrac{x^3}{a^2}}; \quad \dfrac{1}{13} \cdot \sqrt{169x}; \quad \dfrac{5}{4}\sqrt{x} - \sqrt{\dfrac{x}{16}}; \quad \dfrac{1}{3} \cdot \sqrt{3^2 x}$

53   **13.**

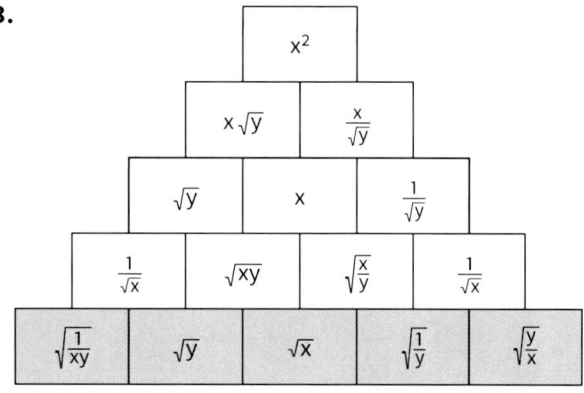

54   **14.**– (Individuelle Lösung)

5.6 Umformen von Wurzeltermen

55   **15.a)** $10\sqrt{3} + 4\sqrt{3} - 6\sqrt{3} = 8\sqrt{3}$ R

$\sqrt{12y} - \sqrt{5y} = (2\sqrt{3} - \sqrt{5})\sqrt{y}$ A

$x\sqrt{y} - \sqrt{y} = (x - 1)\sqrt{y}$ I

b) $\sqrt{3x} \cdot (\sqrt{3x} + 3)$ T

$(\sqrt{x} + \sqrt{y}) \cdot \sqrt{xy} = x\sqrt{y} + y\sqrt{x}$ O

$(\sqrt{x} + \sqrt{y})^2 = x + 2\sqrt{xy} + y$ N

$(\sqrt{\sqrt{x}} - y)^2 = \sqrt{x} - 2\sqrt{\sqrt{x}}\, y + y^2$ A

c) $\sqrt{16x^2 + 8xy + y^2} = 4x + y$ L

Lösungswort: RATIONAL

16.a) $\dfrac{6}{\sqrt{5}} = \dfrac{6 \cdot \sqrt{5}}{\sqrt{5} \cdot \sqrt{5}} = \dfrac{6\sqrt{5}}{5}$

b) $\dfrac{\sqrt{3}}{\sqrt{7}} = \dfrac{\sqrt{3} \cdot \sqrt{7}}{\sqrt{7} \cdot \sqrt{7}} = \dfrac{\sqrt{21}}{7}$

c) $\dfrac{\sqrt{2}}{5 + \sqrt{2}} = \dfrac{\sqrt{2} \cdot (5 - \sqrt{2})}{(5 + \sqrt{2}) \cdot (5 - \sqrt{2})} = \dfrac{5\sqrt{2} - 2}{23}$

d) $\dfrac{2 + \sqrt{3}}{2 - \sqrt{3}} = \dfrac{(2 + \sqrt{3})^2}{(2 - \sqrt{3}) \cdot (2 + \sqrt{3})} = \dfrac{4 + 4\sqrt{3} + 3}{4 - 3} = 7 + 4\sqrt{3}$

e) $\dfrac{4 + \sqrt{x}}{\sqrt{x}} = \dfrac{(4 + \sqrt{x}) \cdot \sqrt{x}}{\sqrt{x} \cdot \sqrt{x}} = \dfrac{4\sqrt{x} + x}{x}$

f) $\dfrac{\sqrt{x} + \sqrt{y}}{\sqrt{x} - \sqrt{y}} = \dfrac{(\sqrt{x} + \sqrt{y})^2}{(\sqrt{x} - \sqrt{y})(\sqrt{x} + \sqrt{y})} = \dfrac{x + 2\sqrt{xy} - y}{x - y}$

Anmerkung: Bei c), d), e) und f) wurde der Nenner zur dritten binomischen Formel erweitert.

5.7 Vergleich der Zahlbereiche $\mathbb{N}$, $\mathbb{Q}_+$, $\mathbb{Q}$ und $\mathbb{R}$

17. $\mathbb{R}$: $-\sqrt{27}$; $-\sqrt{0{,}47}$; $2{,}468101214\ldots$ $\mathbb{Q}$: $-1{,}\overline{23}$; $-\sqrt{\dfrac{4}{25}}$; $-0{,}9804$

$\mathbb{Q}_+$: $\dfrac{7}{19}$; $\sqrt{0{,}49}$; $5{,}7081$ $\mathbb{Z}$: $-\sqrt{4}$; $-\sqrt{9}$ $\mathbb{N}$: 0; $\sqrt{16}$; $\sqrt{49}$

Bist du fit im Umgang mit reellen Zahlen / Quadratwurzeln?

56

18.a)

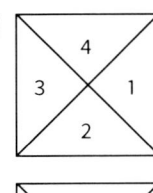

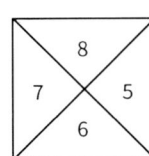

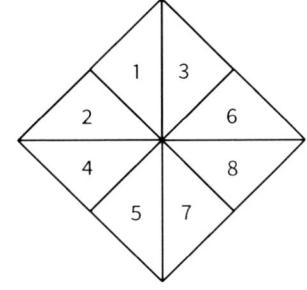

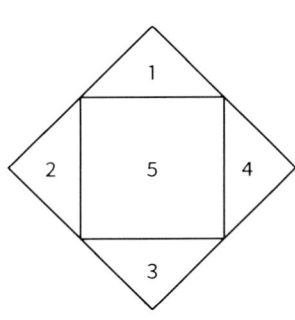

b) Flächeninhalt kleines Quadrat: A = 1,5 cm · 1,5 cm = 2,25 cm²
Großes Quadrat hat doppelten Flächeninhalt: A = 2 · 2,25 cm² = 4,5 cm²
Seitenlänge: $\sqrt{4{,}5\ \text{cm}^2}$ = 2,12 cm

c) b: Seitenlänge der großen Quadrate
$b = \sqrt{2 \cdot a^2}$

19.

		$\mathbb{N}$	$\mathbb{Z}$	$\mathbb{Q}_-$	$\mathbb{Q}_+$	$\mathbb{R}$	$\mathbb{R}\backslash\mathbb{Q}$
a)	17,7777777…				X	X	
b)	−5		X		X	X	
c)	0	X	X			X	
d)	$\frac{1}{3}$				X	X	
e)	0,232$\overline{113}$				X	X	
f)	$\sqrt{2}$						X
g)	$\frac{18}{3}$	X	X		X	X	
h)	−12,$\overline{2}$			X		X	
i)	2,1212212221…						X
k)	$\sqrt{100}$	X	X		X	X	

20.a) $\sqrt{\dfrac{a^2}{9}} = \dfrac{a}{3}$

b) $(\sqrt{x} - \sqrt{z})(\sqrt{x} + \sqrt{z}) = x - z$

c) $\sqrt{4b^2 + 12b + 9} = 2b + 3$

d) $\sqrt{\dfrac{1}{25}(x - y)^2} = \dfrac{1}{5}(x - y)$

e) $\sqrt{2a} \cdot \sqrt{8a} = 4a$

f) $\sqrt{x}\,(\sqrt{x} - \sqrt{9x}) = x - 3x = -2x$

g) $\sqrt{\dfrac{6}{a}} \cdot \sqrt{\dfrac{a^2}{24}} = \sqrt{\dfrac{a}{4}} = \dfrac{1}{2}\sqrt{a}$

h) $\sqrt{200x^3} : \sqrt{2x} = \sqrt{100x^2} = 10x$

i) $\sqrt{\dfrac{3x^2}{y}} : \sqrt{\dfrac{y^3}{48}} = \dfrac{12x}{y^2}$

j) $2\sqrt{x} + \sqrt{18x} = 2\sqrt{x} + 3\sqrt{2x}$

6.1 Umfang eines Kreises

57   **1.**

Umfang	A	B	C	D
geschätzt	u ≈ 21 cm	u ≈ 30 cm	u ≈ 18 cm	u ≈ 12 cm
gemessen	u = 22 cm	u = 31 cm	u = 19 cm	u = 13 cm
berechnet	r = 3,5 cm	r = 5 cm	r = 3 cm	r = 2 cm
	u ≈ 21,99 cm	u ≈ 31,42 cm	u ≈ 18,85 cm	u ≈ 12,57 cm

58   **2.** **a)** Man dreht das Vorderrad so, dass sich z. B. das Ventil ganz unten befindet. Nun legt man ein Maßband beim Ventil beginnend an und fährt mit dem Rad so weit, bis das Ventil wieder an der gleichen Stelle wie vorher ist. Diese Strecke wird dann mit dem Maßband abgemessen.

b)

Fahrradtyp	Durchmesser			Radumfang (in Meter)
	der Felge		des Rades bei einer Reifendicke von ca. 4 cm (in Meter)	
	(in Zoll)	(in Meter)		
Kinderrad	20	0,508	0,548	ca. 1,7
Jugendrad	24	0,6096	0,6496	ca. 2
Mountainbike	ca. 26	0,66	0,7	ca. 2,2
Tourenrad	ca. 29,5	0,75	0,79	ca. 2,5

c)   X   Der angezeigte Wert ist zu groß.

    ☐   Der angezeigte Wert ändert sich kaum, weil der Einfluss zu gering ist.

    ☐   Das Profil spielt keine Rolle.

    ☐   Der angezeigte Wert ist zu klein.

d) $u_1 = 0{,}74\,m \cdot \pi \approx 2{,}3\,m$ $u_2 = 0{,}69\,m \cdot \pi \approx 2{,}2\,m$

6.2 Flächeninhalt eines Kreises

59   **3.**

Flächeninhalt	A	B	C	D
geschätzt	27 cm²	7 cm²	3 cm²	12 cm²
berechnet	r = 3 cm	r = 1,5 cm	r = 1 cm	r = 2 cm
	A ≈ 28,27 cm²	A ≈ 7,07 cm²	A ≈ 3,14 cm²	A ≈ 12,57 cm²

59 **4.**

		w	f
a)	Halbiert man den Durchmesser eines Kreises, so halbiert sich auch sein Radius.	X	
b)	Vergrößert man den Radius eines Kreises, so vergrößert sich auch der Flächeninhalt.	X	
c)	Verdoppelt man den Radius eines Kreises, so verdoppelt sich der Flächeninhalt.		X
d)	Vergrößert man den Umfang eines Kreises, so vergrößert sich auch der Flächeninhalt.	X	
e)	Verdoppelt man den Umfang eines Kreises, so verdoppelt sich der Flächeninhalt.		X

6.3 Kreisausschnitt und Kreisbogen

5.

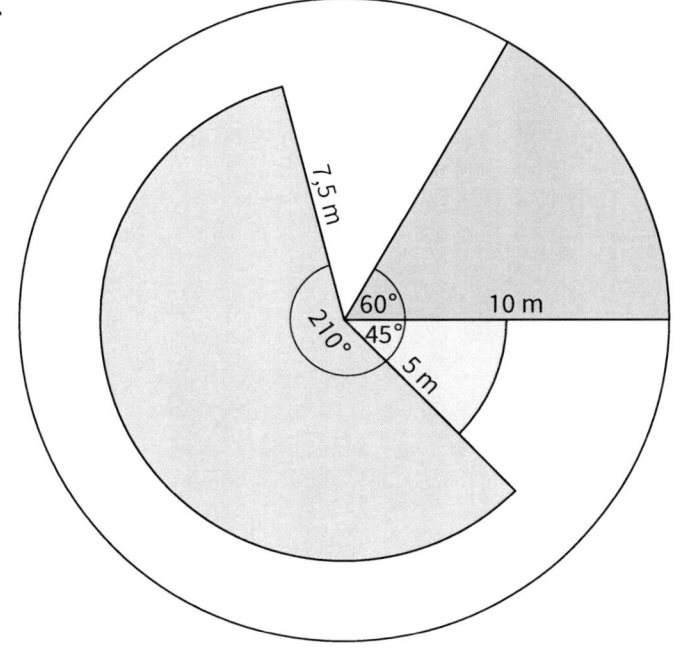

(1) $A = \frac{1}{4} \cdot (10 \text{ m})^2 \cdot \pi = 25\pi \text{ m}^2 \approx 78{,}54 \text{ m}^2$

(2) $A = \frac{1}{8} \cdot (5 \text{ m})^2 \cdot \pi \approx 9{,}82 \text{ m}^2$

(3) $A = \frac{210}{360} \cdot (7{,}5 \text{ m})^2 \cdot \pi \approx 103{,}08 \text{ m}^2$

6.4 Netz und Oberflächeninhalt eines Prismas

60 **6. a)**

Name	Quader	Pyramide	Zylinder	Kegel	Würfel	Kugel	Prisma
Körper	1, 5, 7, 8, 13, 14	2, 11	10, 17, 18	6, 16	19	20	3, 4, 9, 12, 15

In der ersten Auflage des Arbeitsheftes ist versehentlich eine Tabellenspalte zu viel.

b)

Körper	Anzahl der Flächen	Anzahl der Ecken	Anzahl der Kanten
2	4	4	6
5	6	8	12
12	5	6	9
18	3	0	2

c) Die Körper 3, 9, 12 und 15 haben neun Kanten. Körper mit 5 Kanten gibt es nicht.

60   **7. a)**

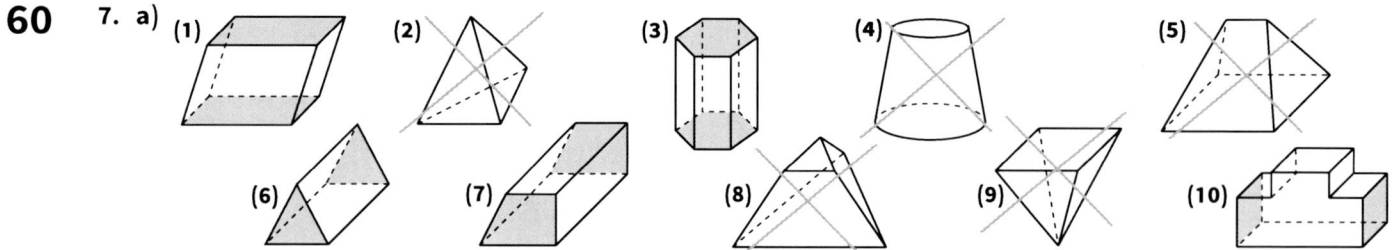

b) **(1)** Wahr, nach der Definition von Prismen.
   (2) Falsch. Ein Prisma mit 6eckiger Grundfläche hat
       6 Begrenzungsflächen, denn jede der 6 Kanten ist
       Kante einer Begrenzungsfläche.
   (3) Falsch. Ein Gegenbeispiel ist Prisma (6).

   (4) Falsch. Die Umkehrung gilt: 8 Ecken, 12 Kanten
   (5) Falsch. Ein Gegenbeispiel ist Prisma (6).
   (6) Falsch, Ein Gegenbeispiel ist Prisma (6).
   (7) Wahr.
   (8) Wahr.

61   **8.** **a)**   **b)**   **c)**

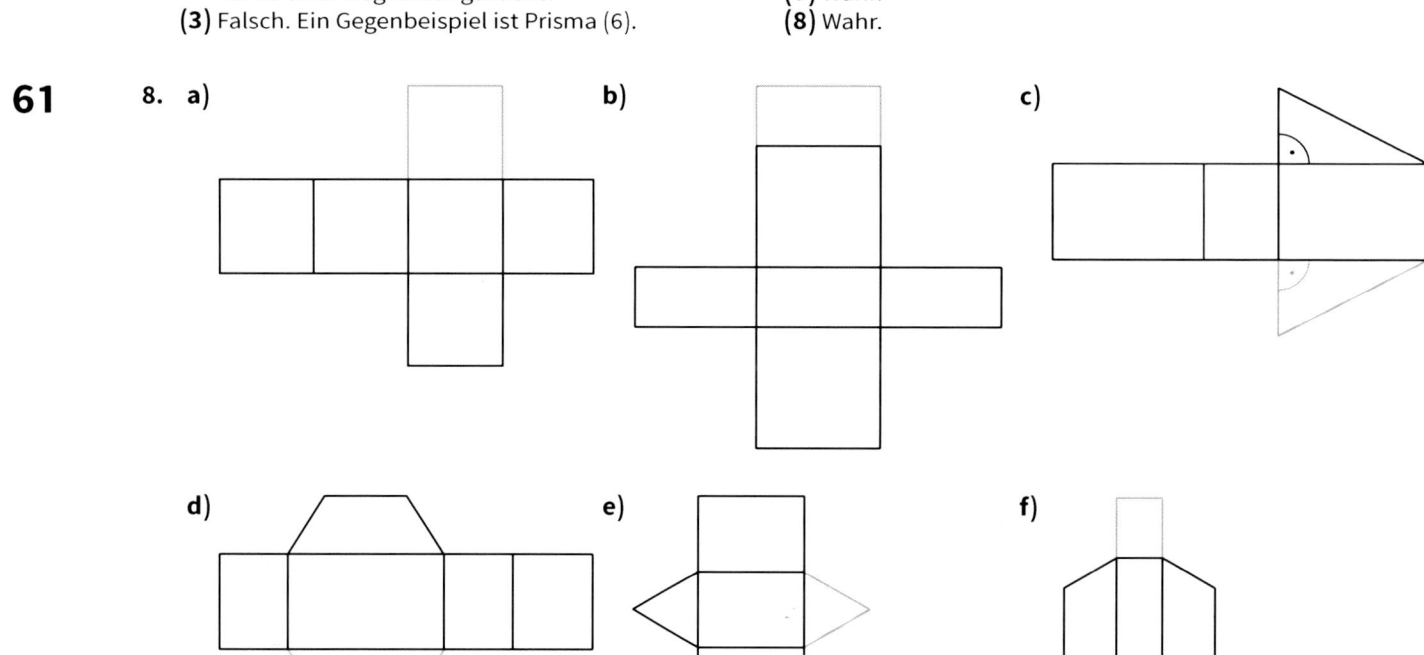

   d)   **e)**   **f)**

   9. **(1)**   **(2)**   **(3)**

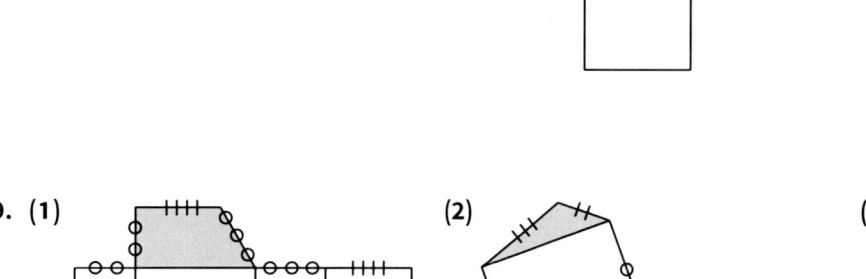
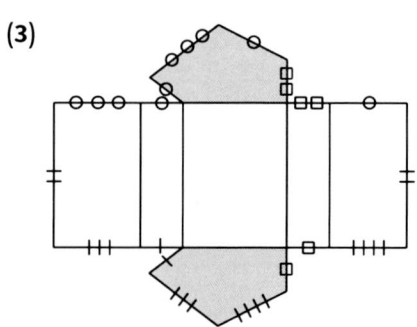

61 **10.**

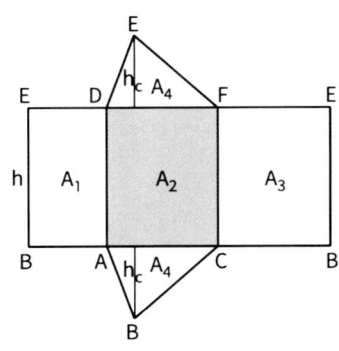

$$\overline{AB} = a \quad \overline{BC} = b \quad \overline{AC} = c$$

Bezeichnung der Seitenfläche	Formel des Flächeninhalts	Berechnung des Flächeninhalts
ABED	$A_1 = a \cdot h$	$A_1 = 1{,}1\,cm \cdot 2\,cm = 2{,}2\,cm^2$
ACFD	$A_2 = c \cdot h$	$A_2 = 1{,}6\,cm \cdot 2\,cm = 3{,}2\,cm^2$
CBEF	$A_3 = b \cdot h$	$A_3 = 1{,}6\,cm \cdot 2\,cm = 3{,}2\,cm^2$
ABC = DEF	$A_4 = \dfrac{c \cdot h_c}{2}$	$A_4 = 1{,}6\,cm \cdot 1\,cm = 1{,}6\,cm^2$
gesamter Oberflächeninhalt	$A_O = A_1 + A_2 + A_3 + A_4$	$A_O = 11{,}8\,cm^2$

6.5   Schrägbild eines Prismas

62 **11.**

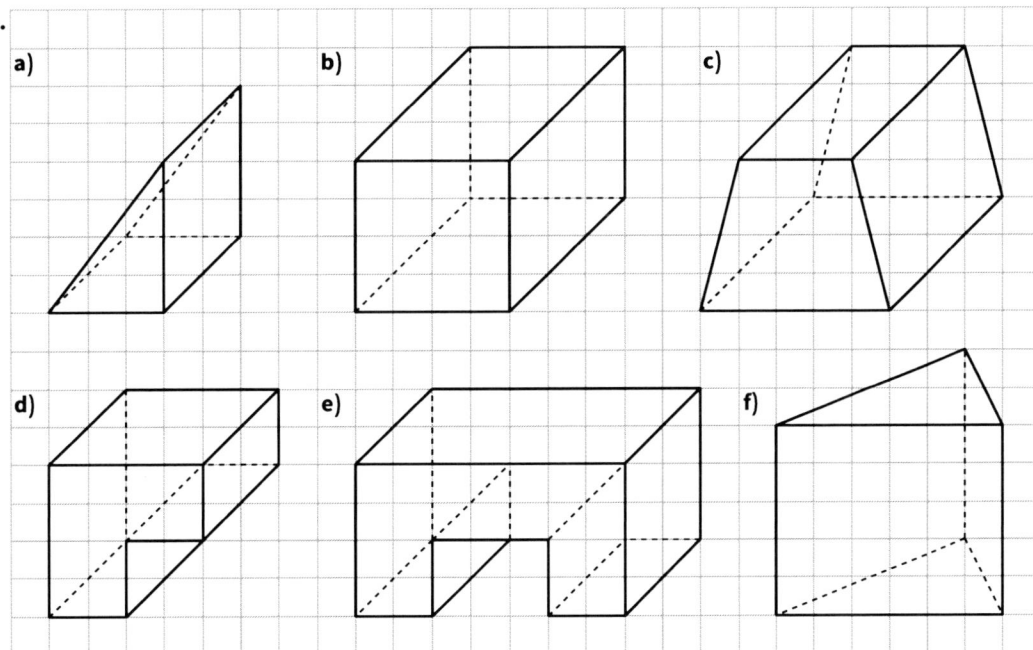

12.

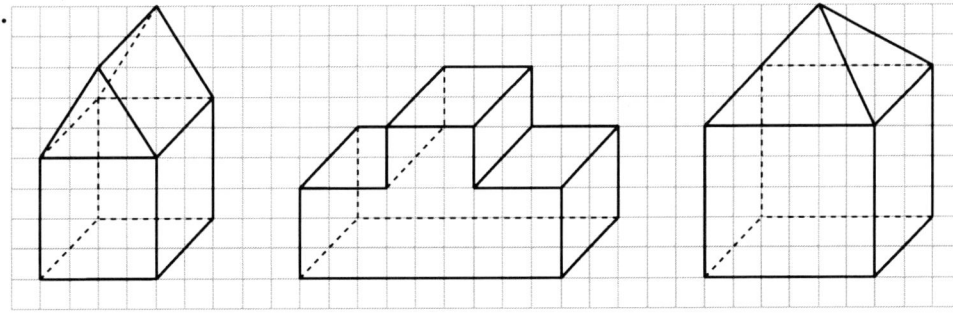

62 **13.a)**

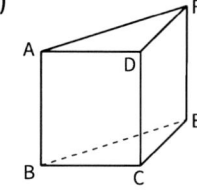 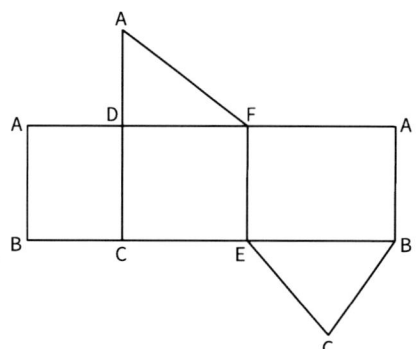

b)

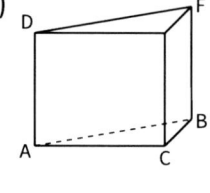 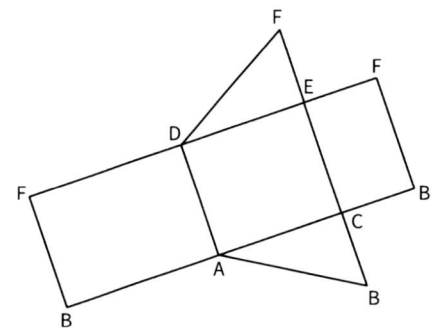

6.6   Volumen eines Prismas

63 **14.**

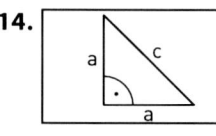 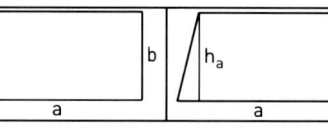 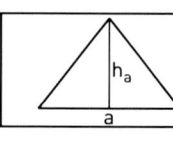 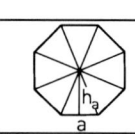 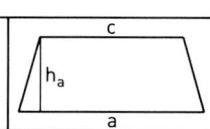

$V=\dfrac{a\cdot a}{2}\cdot h_p$	$V=a\cdot b\cdot h_p$	$V=a\cdot h_a\cdot h_p$	$V=\dfrac{a\cdot h_a}{2}\cdot h_p$	$V=4\cdot a\cdot h_a\cdot h_p$	$V=\dfrac{a+c}{2}\cdot h_a\cdot h_p$

15. $V = \left(4\,\text{cm}\cdot 2\,\text{cm}+\dfrac{4\,\text{cm}+2\,\text{cm}}{2}\cdot 1{,}75\,\text{cm}\right)\cdot 6\,\text{cm}=79{,}5\,\text{cm}^3$

$O = 2\cdot 4\,\text{cm}\cdot 2\,\text{cm}+2\cdot \dfrac{4\,\text{cm}+2\,\text{cm}}{2}\cdot 1{,}75\,\text{cm}$

$\quad + (4\,\text{cm}+2\,\text{cm}+2\,\text{cm}+2\,\text{cm}+2\,\text{cm}+2\,\text{cm})\cdot 6\,\text{cm}$

$\quad = 110{,}5\,\text{cm}^2$

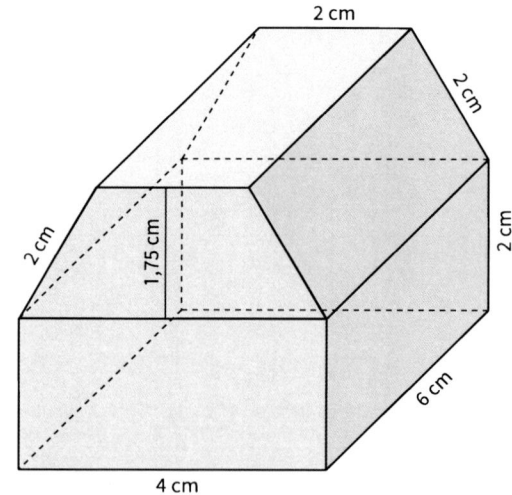

63 **16.**

a)	b)	c)	d)	e)
Grundfläche Quadrat	Grundfläche Dreieck	Grundfläche Recht-eck	Grundfläche recht-winkliges Dreieck	Grundfläche Parallelogramm

a) 50 cm, 10 cm, 10 cm

b) 50 cm, 20 cm, 5 cm

c) 50 cm, 20 cm, 5 cm

d) 50 cm, 20 cm, 20 cm

e) 50 cm, 6,25 cm, 20 cm

64 **17.** Wenn man die Wandstärke und die Wandverstärkungen abrechnet, erhält man ungefähr die in den Bildern angegebenen Innenmaße.

a) Wir rechnen mit einer Breite von 1,7 m.

$$V = \left(\frac{(0{,}70\,\text{m} + 3{,}40\,\text{m})}{2} \cdot 0{,}75\,\text{m} + \frac{(3{,}40\,\text{m} + 2{,}00\,\text{m})}{2} \cdot 0{,}95\,\text{m} \right) \cdot 1{,}70\,\text{m}$$

$$= 6{,}97425\,\text{m}^3 \approx 7{,}0\,\text{m}^3$$

Die Angabe stimmt also.

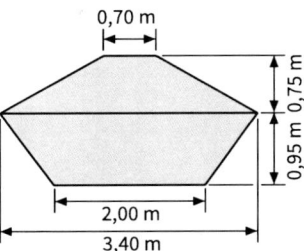

0,70 m

0,75 m

0,95 m

2,00 m

3,40 m

b) Wir rechnen mit einer Breite von 1,5 m.

$$V = \left(2{,}80\,\text{m} \cdot 0{,}40\,\text{m} + \frac{(2{,}80\,\text{m} + 1{,}75\,\text{m})}{2} \cdot 1{,}00\,\text{m} \right) \cdot 1{,}50\,\text{m}$$

$$= 5{,}0925\,\text{m}^3 \approx 5{,}1\,\text{m}^3$$

Die Angabe stimmt also.

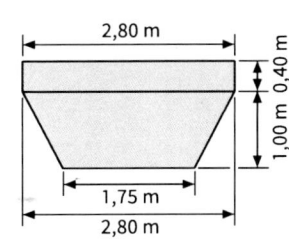

2,80 m

0,40 m

1,00 m

1,75 m

2,80 m

6.7   Zylinder – Netz und Oberflächeninhalt

65   **18.** Vervollständige jeweils zum Netz eines Zylinders.

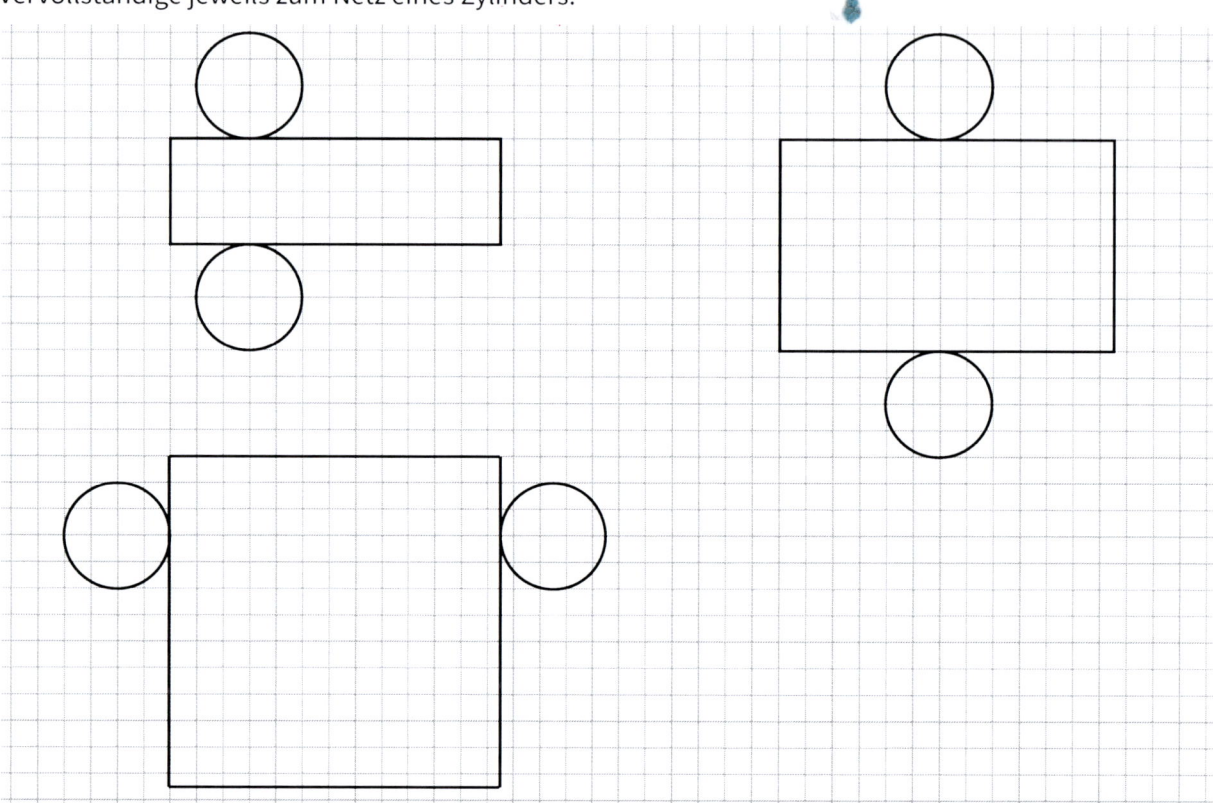

19. a) Es ist $G = \pi \cdot r^2$; $M = 2 \cdot \pi \cdot r \cdot h$

$G \approx 12{,}57$ cm	$G \approx 28{,}27$ cm	$G \approx 12{,}57$ cm	$G \approx 50{,}26$ cm	$G \approx 28{,}27$ cm	$G \approx 28{,}27$ cm
$M \approx 50{,}27$ cm	$M \approx 18{,}85$ cm	$M \approx 75{,}40$ cm	$M \approx 50{,}27$ cm	$M \approx 113{,}10$ cm	$M \approx 94{,}25$ cm
$O \approx 75{,}34$ cm	$O \approx 75{,}39$ cm	$O \approx 100{,}54$ cm	$O \approx 150{,}79$ cm	$O \approx 169{,}64$ cm	$O \approx 150{,}79$ cm

b) Ist der Radius gleich groß, so ist der Grundflächeninhalt auch gleich groß.
Ist das Produkt aus Radius und Höhe gleich groß, so ist der Mantelflächeninhalt auch gleich groß.

66   **20.** Man erhält ein Quadrat in dessen Eckpunkten die Streifen aneinander geklebt sind.

6.8   Schrägbild des Zylinders

21. a)

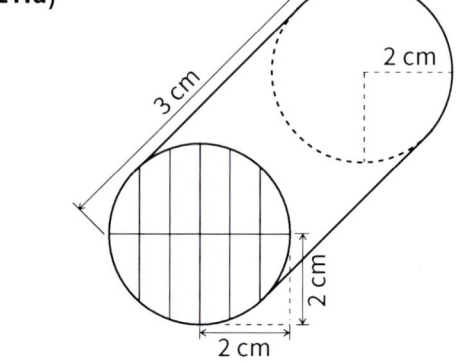
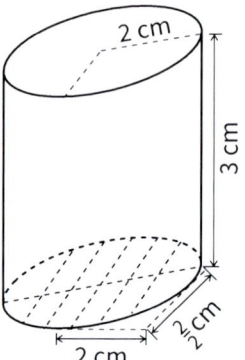

b)

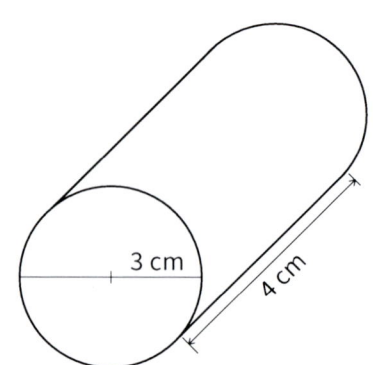

6.9 Volumen des Zylinders

66 **22.a)** -

b) Ein DIN-A4-Blatt hat die Abmessuungen 21 cm x 29,7 cm; ein DIN-A5-Blatt 14,85 cm x 21 cm. Für die Zylinder Z_1 und Z_2 gilt also:

$u_1 = 14,85$ cm, also $r_1 = u_1 : (2\pi) \approx 2,36$ cm; $h_1 = 21$ cm

$u_2 = 21$ cm, also $r_2 = u_2 : (2\pi) \approx 3,34$ cm; $h_2 = 14,85$ cm

Damit erhält man:

$V_1 = \pi r_1^2 \cdot h \approx 367,45$ cm^3 und $V_2 = \pi r_2^2 \cdot h \approx 520,43$ cm^3

Das Volumen des niedrigen Zylinders ist größer.

67 **23.** 1. 108 cm;   2. 88 cm^2;   3. 1,75 m;   4. 177 cm; 1237 cm^3; 683 cm^2;   5. größer als 8 cm

24.a) Das Handy passt etwa zweimal in den Durchmesser der Trommel. Der Durchmesser beträgt also etwa 30 cm, also ungefähr 12 Zoll. Damit handelt es sich bei der Trommel um die Bauart Tom Tom.

b) Ergänze fehlende Werte für eine kleine Trommel.

Durchmesser	Höhe	Volumen	Fläche des Spannfelles
14 Zoll	20 cm	19 862,9 cm^3	993,15 cm^2
14,1 Zoll	2,5 dm	25 184,6 cm^3	1 013 cm^2
15 Zoll	1,8 dm	20,5 ℓ	1140 cm^2

6.10 Berechnungen an zusammengesetzten Körpern

68 **25.a)** -

b)

Volumen	$5\pi a^3$	$(2\pi + 12)a^3$	$(24 - 2\pi)a^3$	$3\pi a^3$	$(16 - \pi)a^3$	$(20 - \pi)a^3$
Körper	B	F	D	A	C	E

c) -

d) Zum Beispiel:
πa^2: Figur A; Figur B; Figur D $2a^2$: Figur C; Figur D; Figur E
$2\pi a^2$: Figur A; Figur B $4a^2$: Figur C; Figur D; Figur E
$3\pi a^2$: Figur B; Figur C $6a^2$: Figur E; Figur F
$4\pi a^2$: Figur A; Figur B; Figur F

e)

Oberflächeninhalt	$(36 + \pi)a^2$	$14\pi a^2$	$(32 + 2\pi)a^2$	$12\pi a^2$	$64a^2$	$(24 + 6\pi)a^2$
Körper	C	B	D	A	E	F

Schroedel
westermann

Elemente der Mathematik
EdM

www.schroedel.de

ISBN 978-3-507-87457-2

9 783507 874572